宋代冠服图志

闫亮 著

江苏人民出版社

图书在版编目（CIP）数据

宋代冠服图志 / 闫亮著 . -- 南京 : 江苏人民出版社 , 2024. 8. -- ISBN 978-7-214-29327-5

Ⅰ. TS941.742.44

中国国家版本馆 CIP 数据核字第 2024UM7271 号

书　　名	宋代冠服图志
著　　者	闫　亮
项目策划	高　申
责任编辑	刘　焱
特约编辑	高　申
出版发行	江苏人民出版社
出版社地址	南京市湖南路1号A楼，邮编：210009
总　经　销	天津凤凰空间文化传媒有限公司
总经销网址	http://www. ifengspace. cn
印　　刷	雅迪云印（天津）科技有限公司
开　　本	710 mm×1000 mm　1/16
字　　数	80 千字
印　　张	10
版　　次	2024年8月第1版　2024年8月第1次印刷
标准书号	ISBN 978-7-214-29327-5
定　　价	78.00元

序

我喜欢研究宋代服饰，也喜欢绘图，在本书中我将宋代冠服研究成果通过图志的形式展现出来。全书分为冠服基础、冠服解说、冠服展示三卷，较全面地展现了宋代天子、皇后、皇太子、群臣、女官、士庶、军卫的冠服形制。书中内容，均以史志、古画、石刻、陶俑等为主要参照依据，其中配文上方的文言部分，大多为相关史志原文，是制图的文字依据。希望本书能给相关爱好者提供一些参考和帮助，是为序。

闫亮

2023 年 6 月

目录

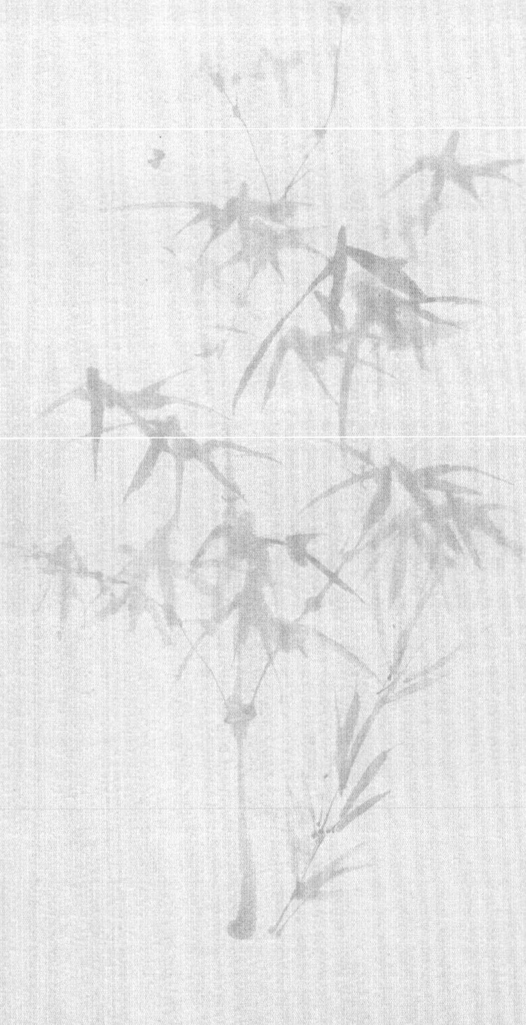

一 冠服基础

冕

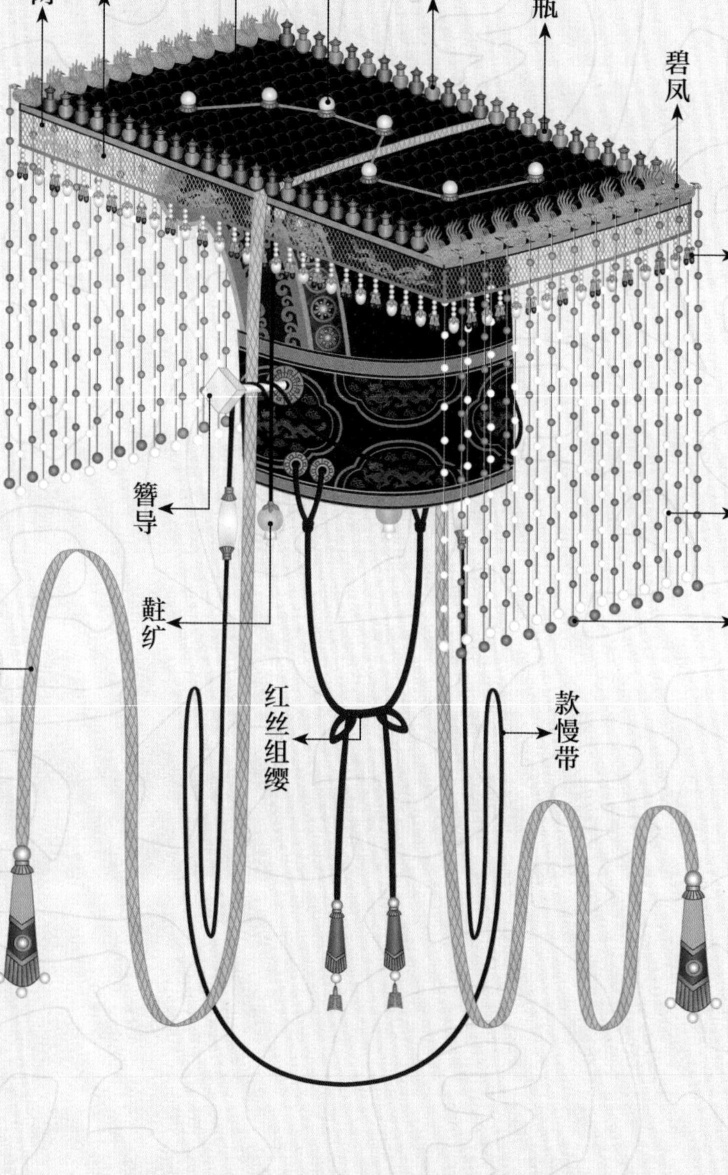

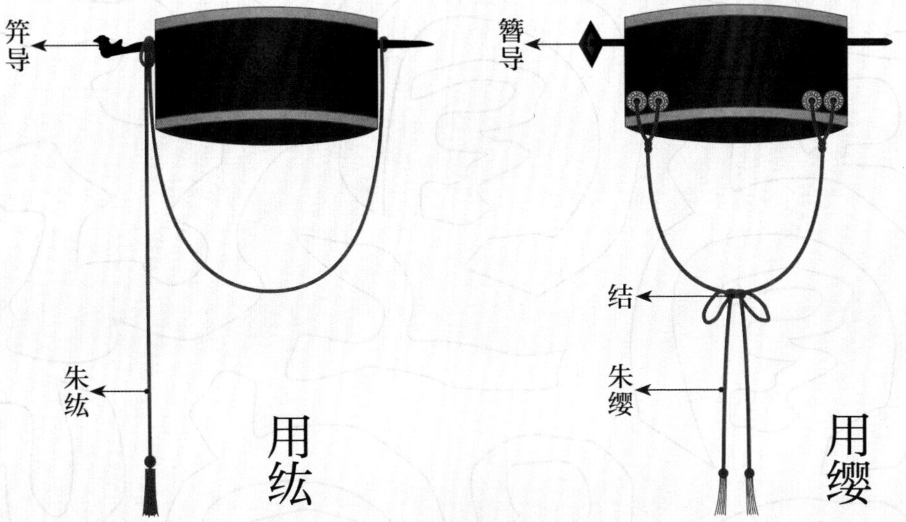
笄导
朱纮
用纮
簪导
结
朱缨
用缨

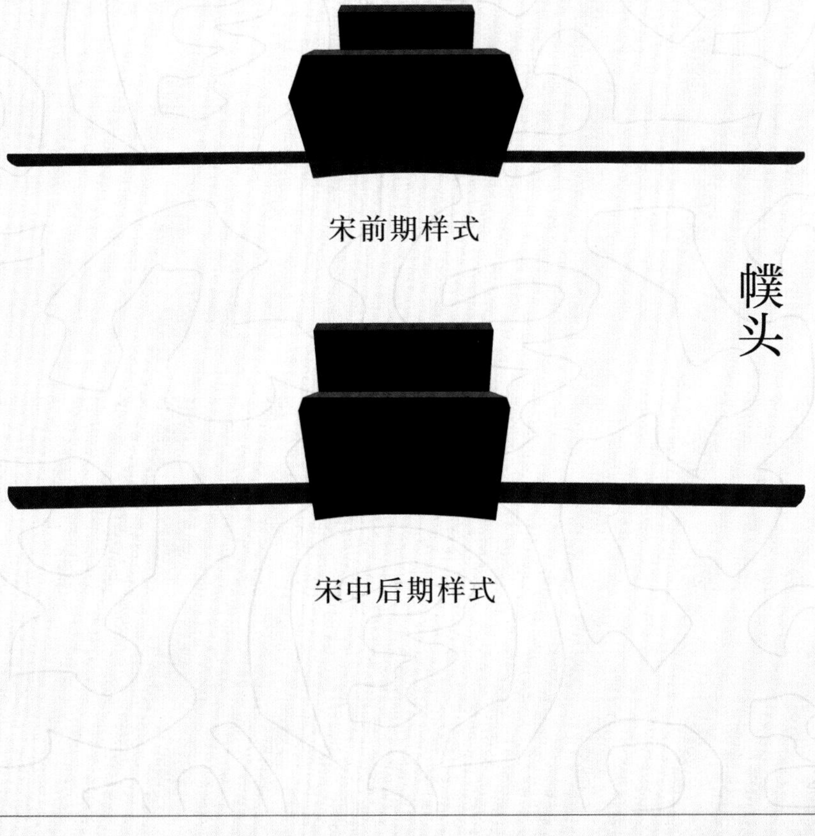
宋前期样式
幞头
宋中后期样式

冠子

冠梳

包髻

假紒

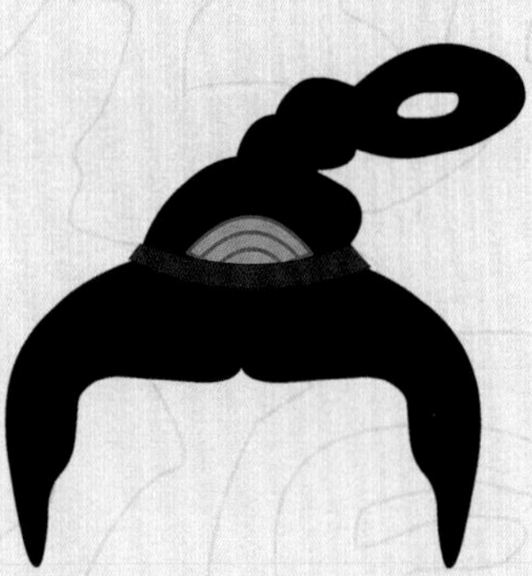

珠翠五饰

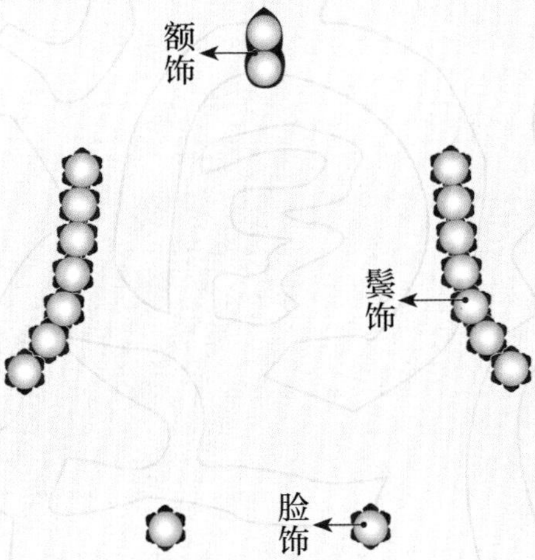

额花

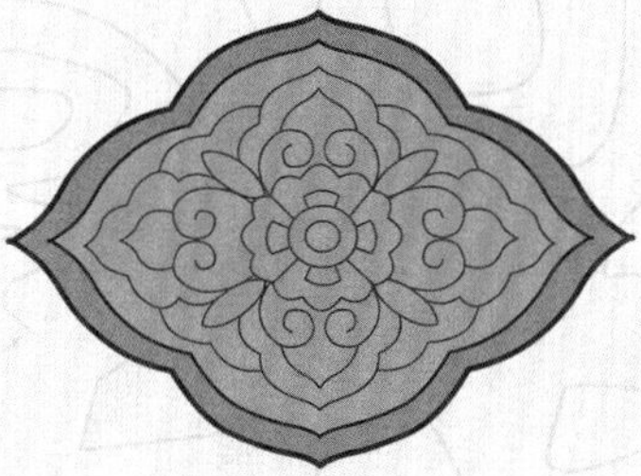

用于冠饰

耳饰

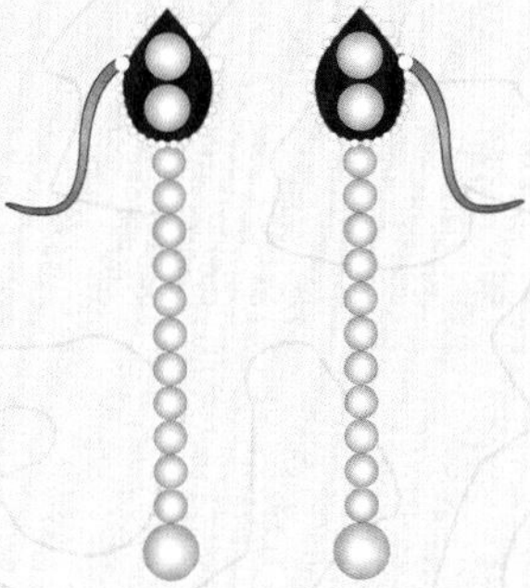

礼服耳饰

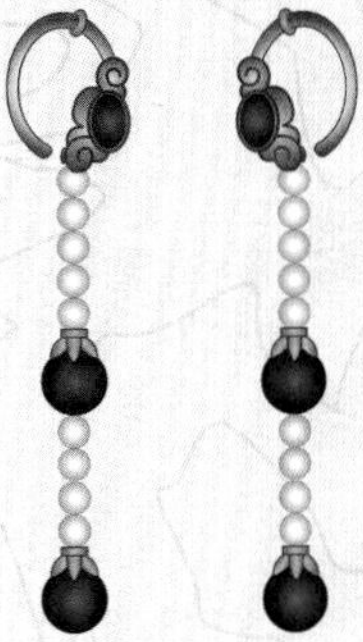

常服耳饰

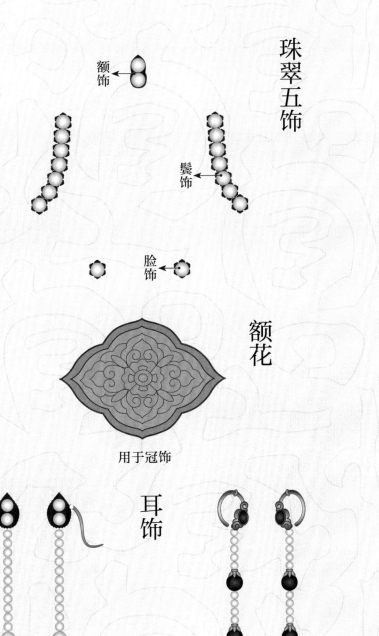

大衣霞帔

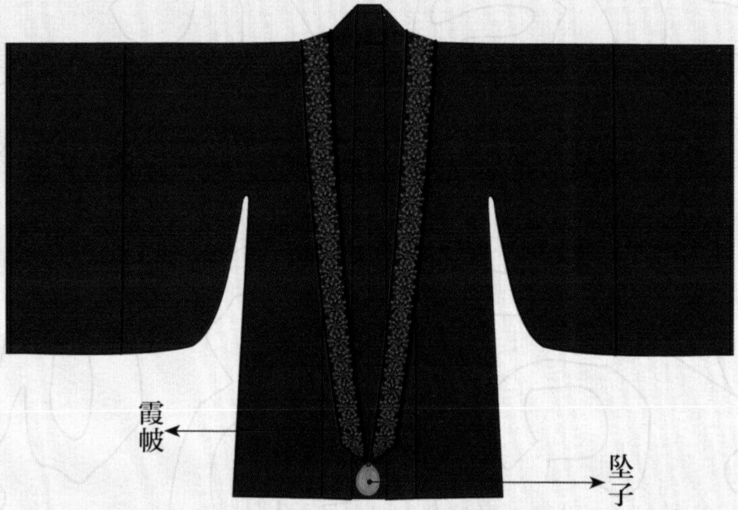

前

后

裳

八幅

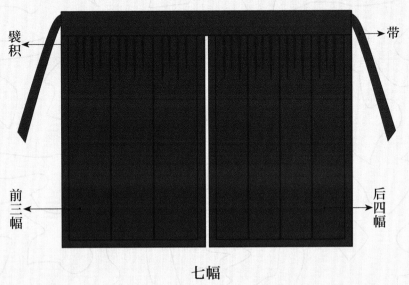

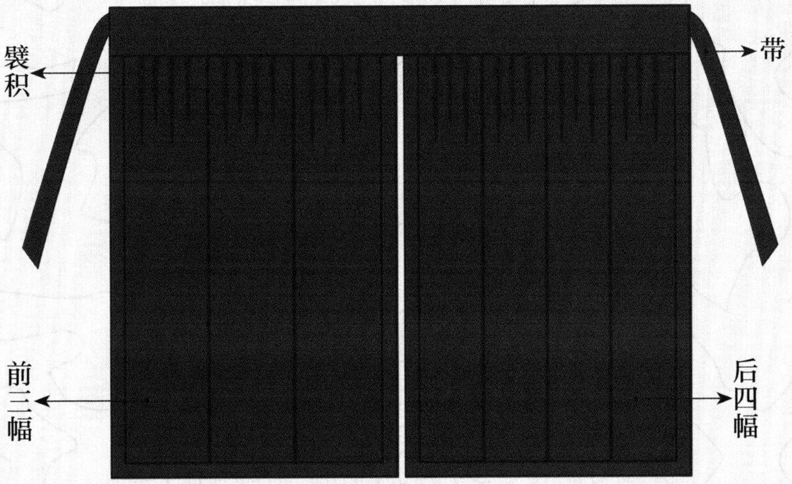

七幅

交领衣

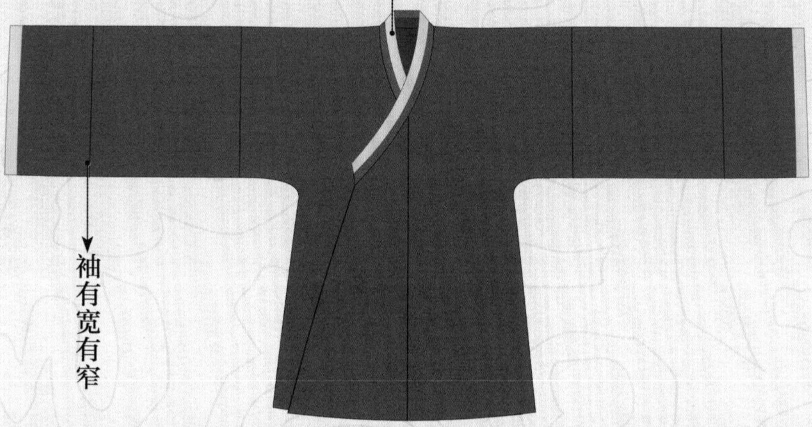

前

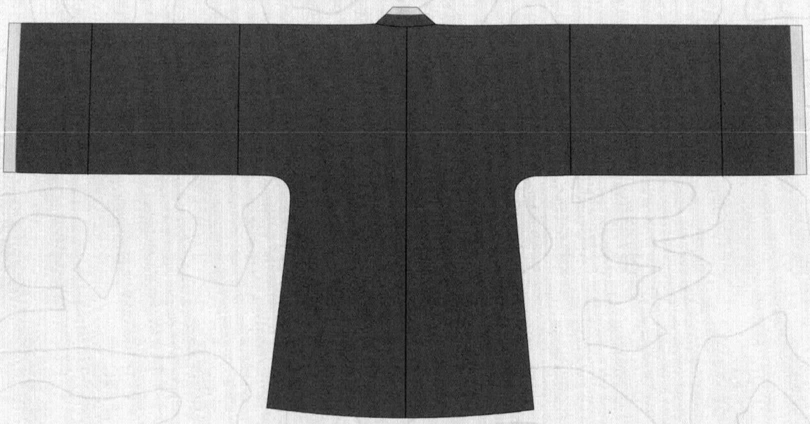

后

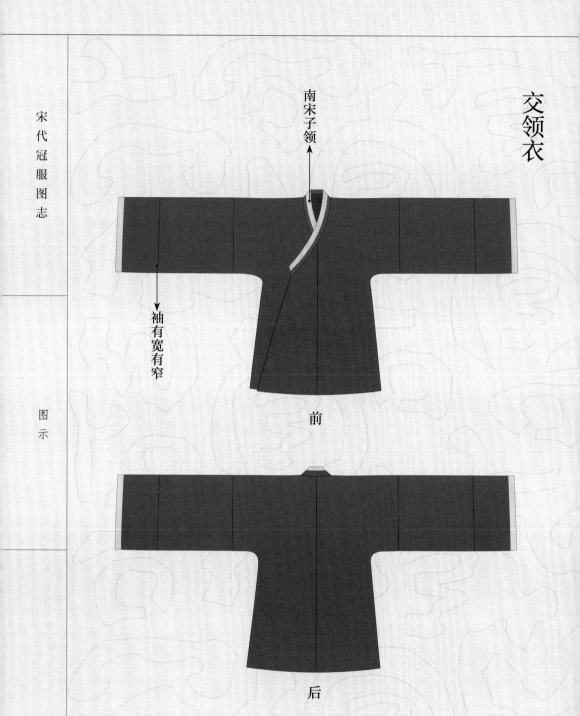

圆领袍

前

后

背子

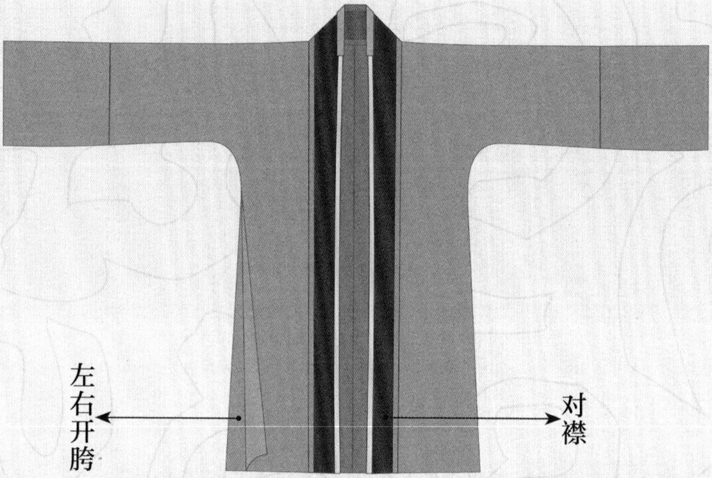

前

后

抹胸

抱肚

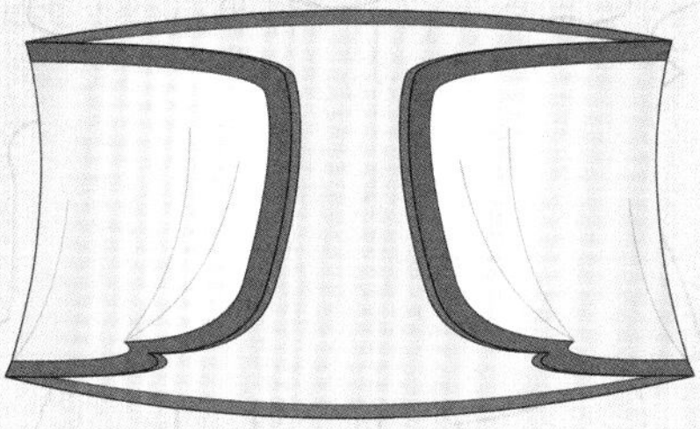

捍腰

顺折腰带

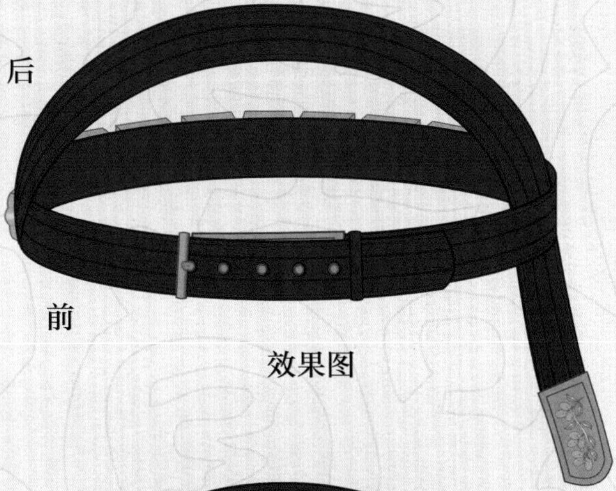

效果图

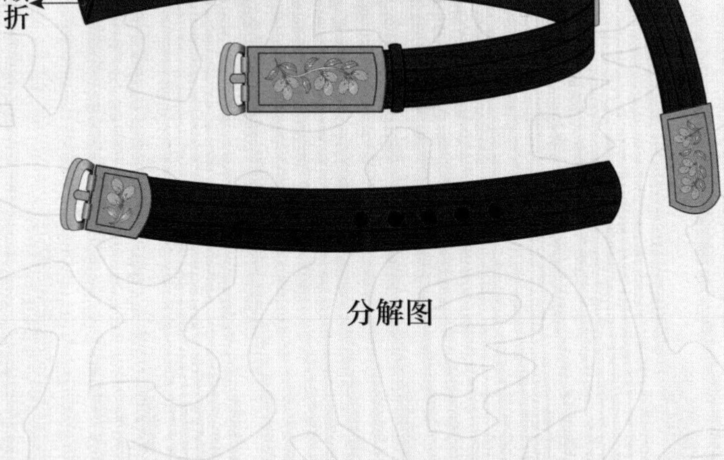

分解图

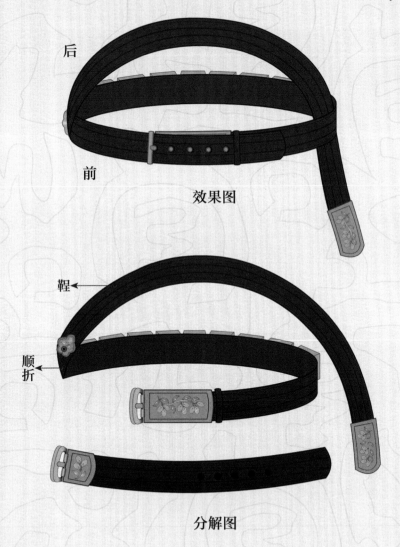

双尾束带

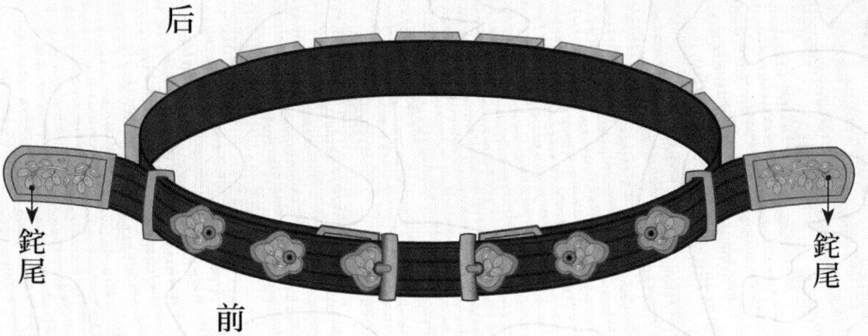

效果图

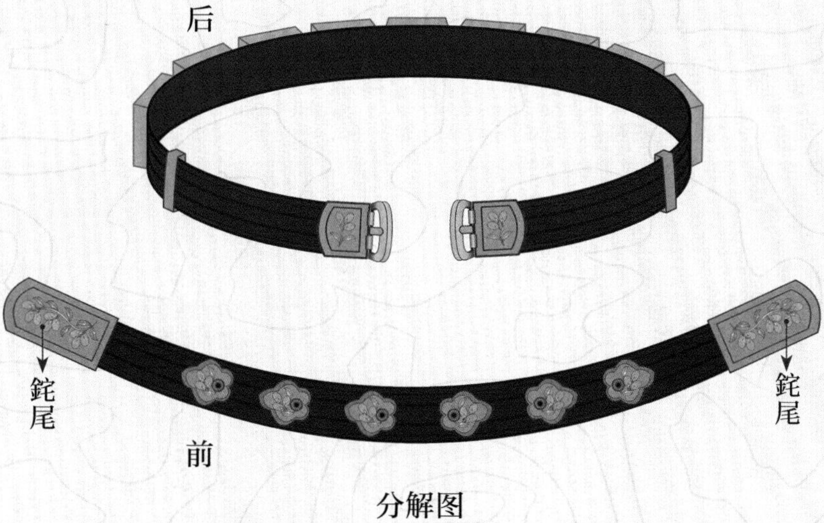

分解图

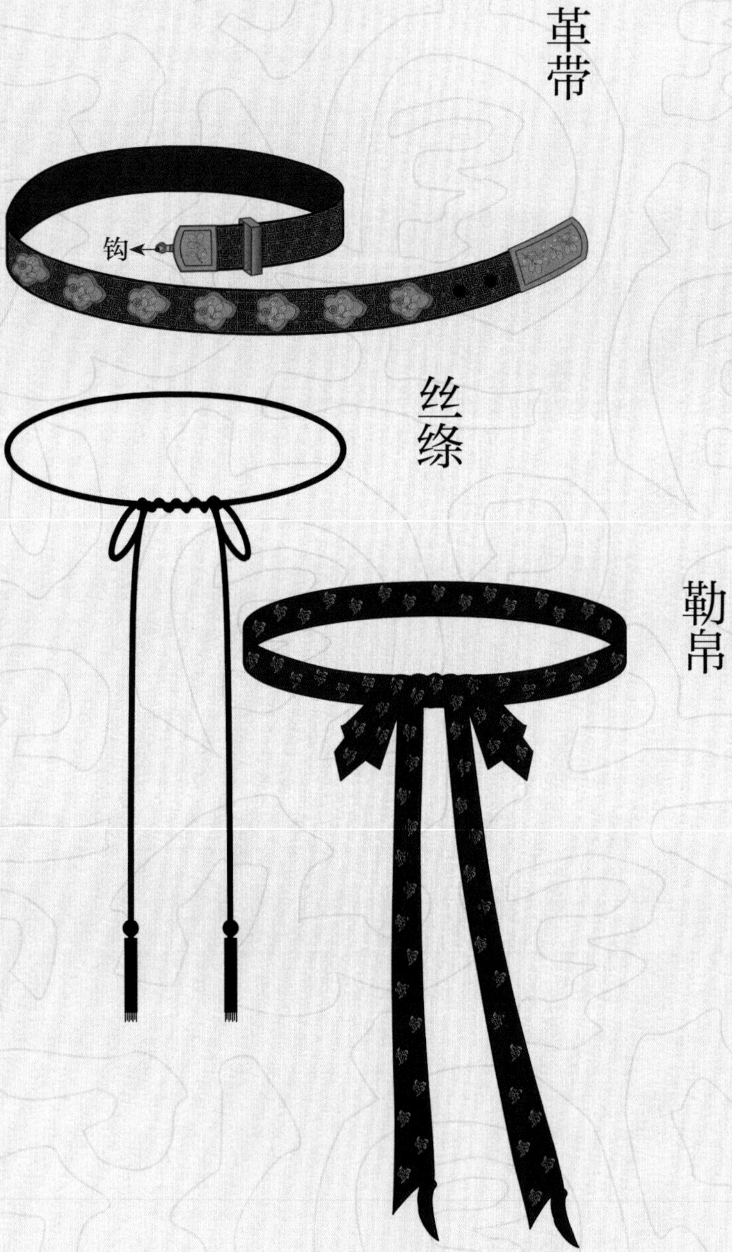
革带
钩
丝绦
勒帛

方心曲领

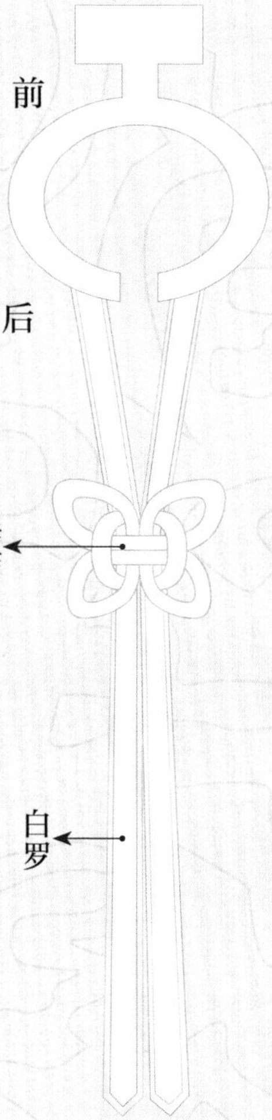

大带

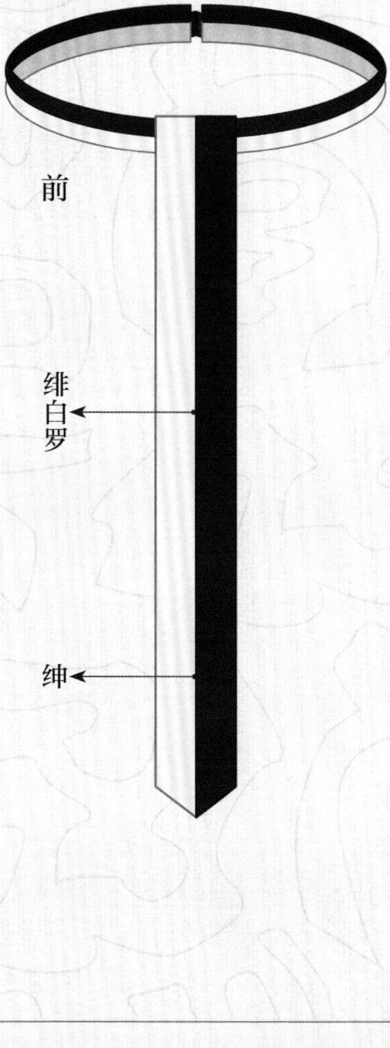

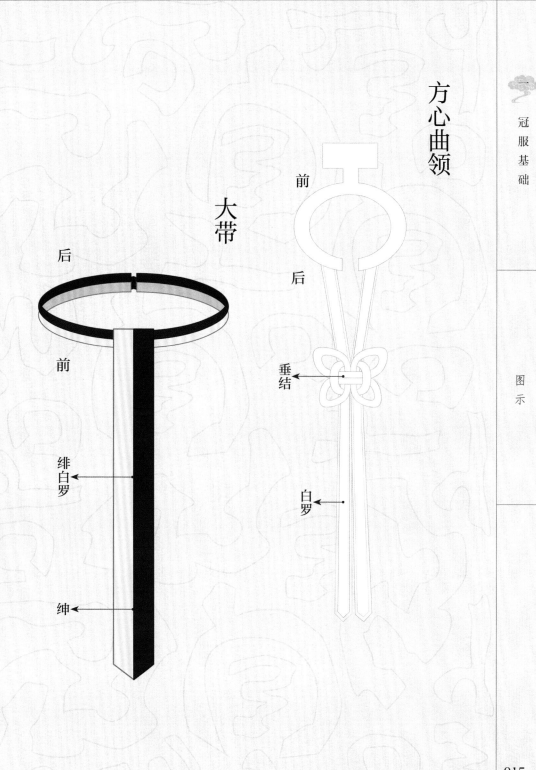

蔽膝

绶

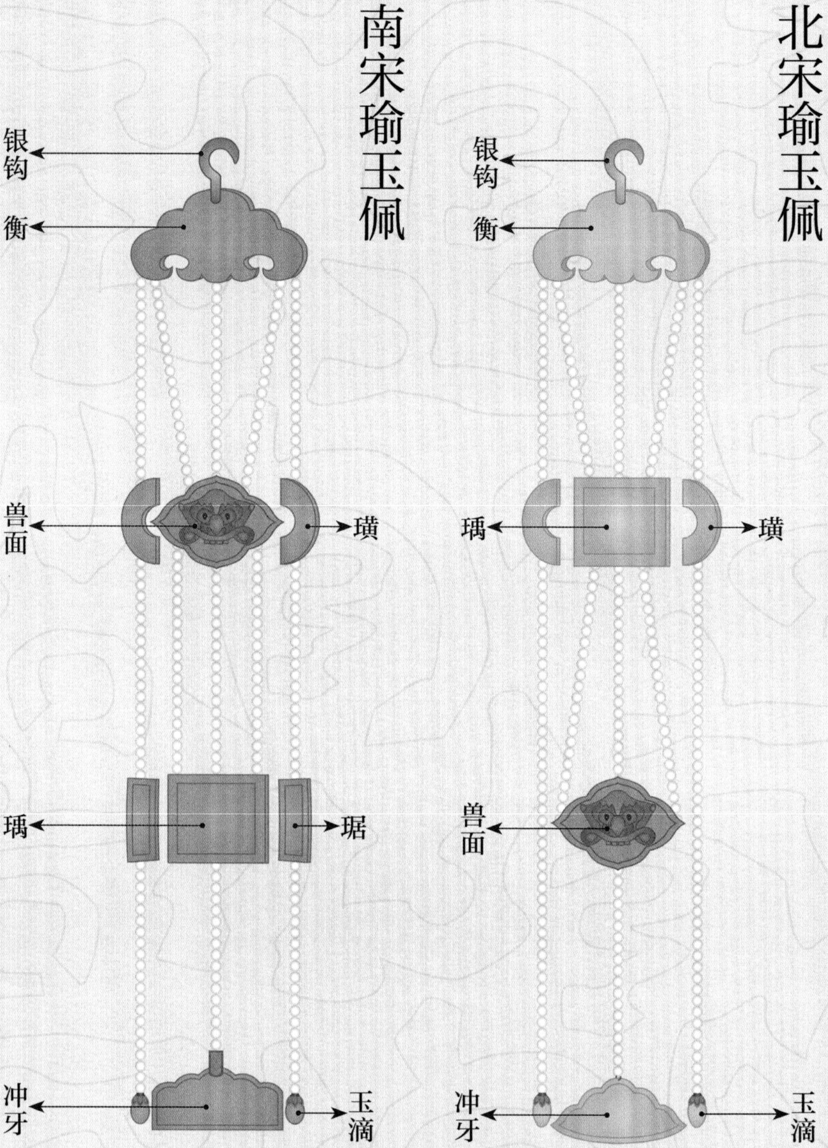
南宋瑜玉佩
银钩
衡
兽面
璜
瑀
琚
冲牙
玉滴
北宋瑜玉佩
银钩
衡
瑀
璜
兽面
冲牙
玉滴

舄

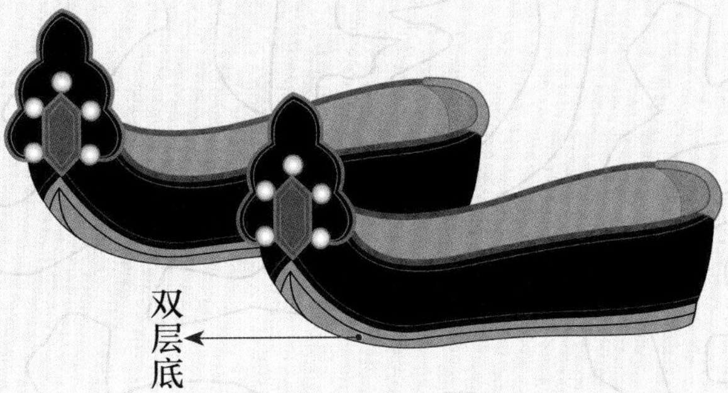

袜

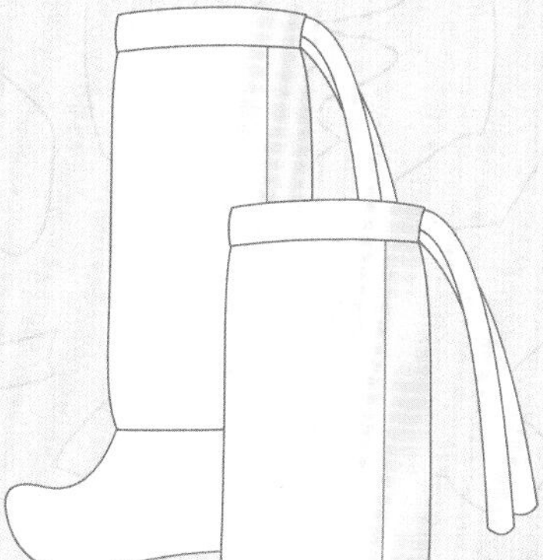

靴

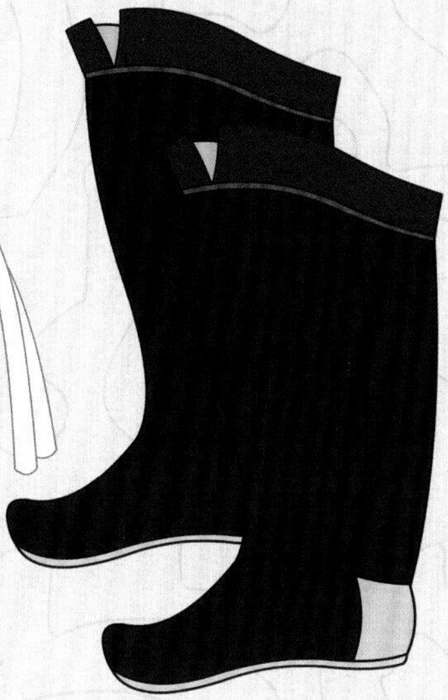

十二章纹（一）

月

日

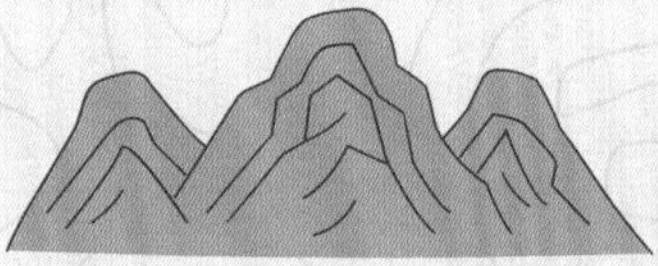

山

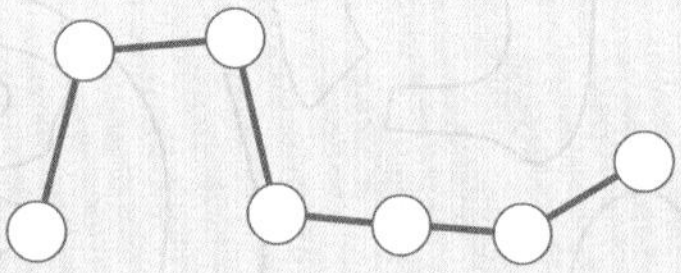

星辰

华虫

龙

十二章纹（二）

宗彝（蜼）

宗彝（虎）

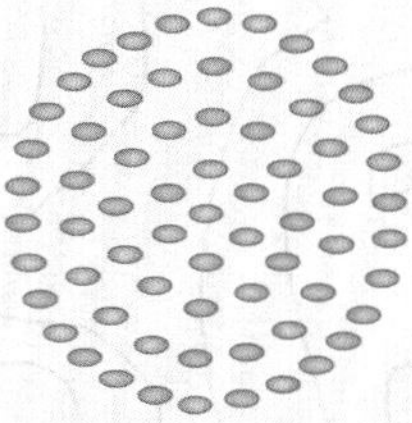

粉米（米）

粉米（粉）

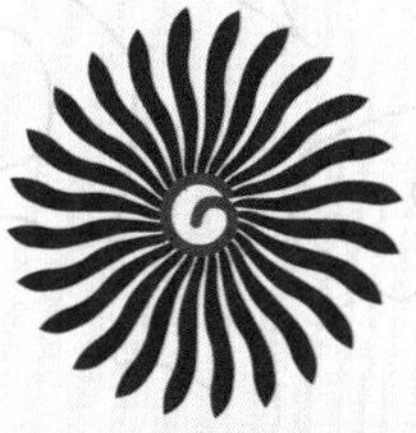

藻

黻

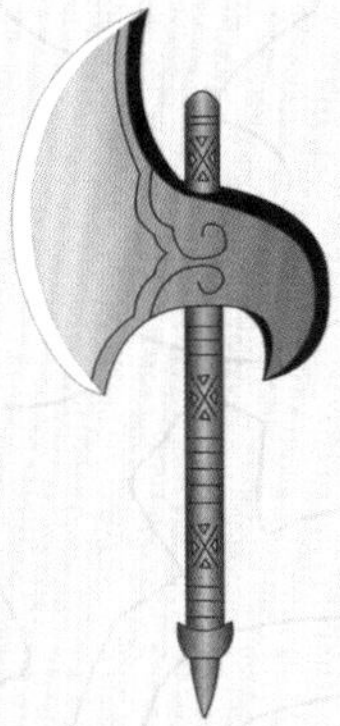

黼

火

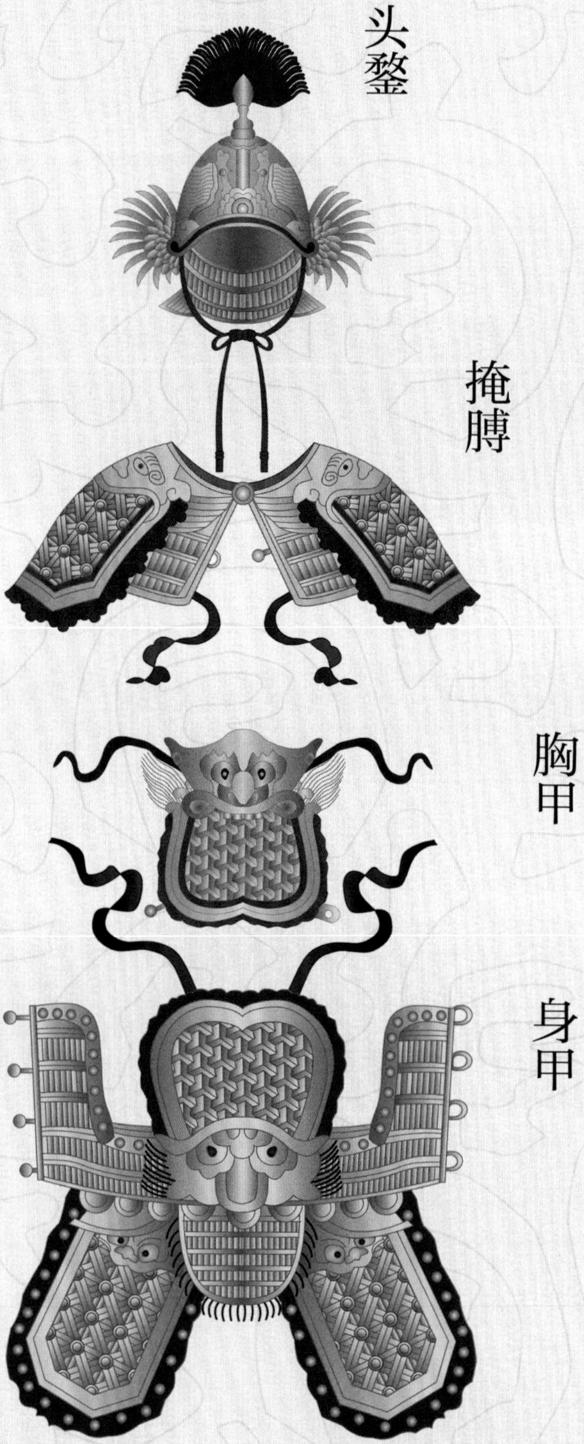
头鍪
掩膊
胸甲
身甲

易混淆的形制

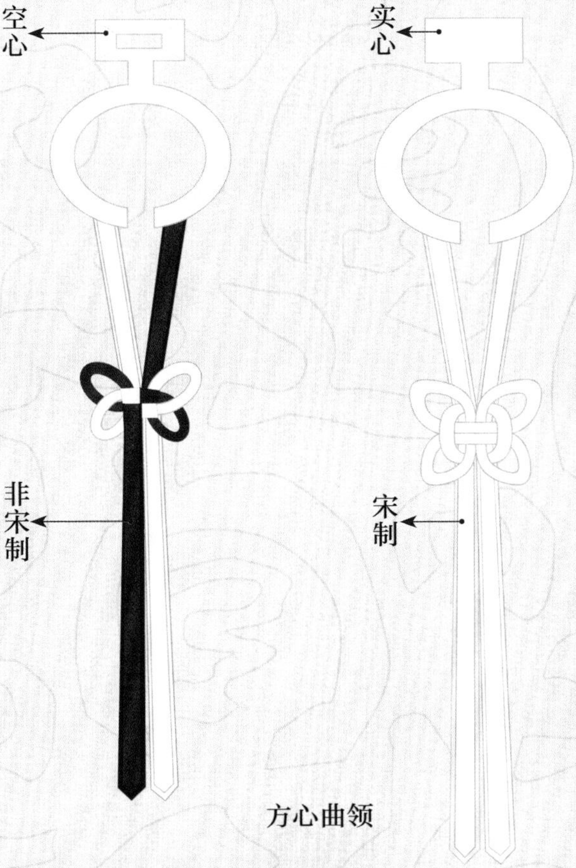

方心曲领

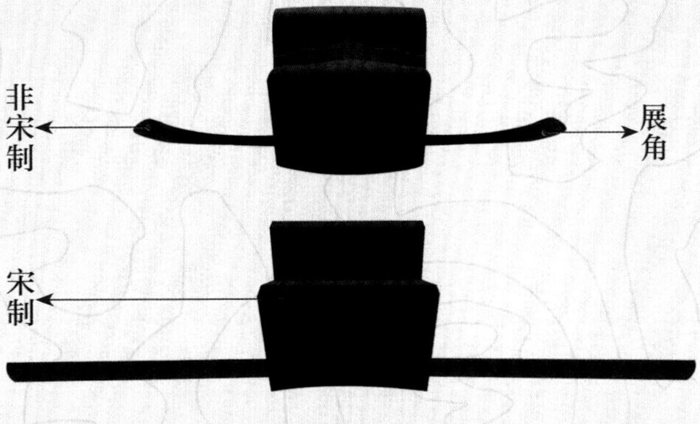

幞头

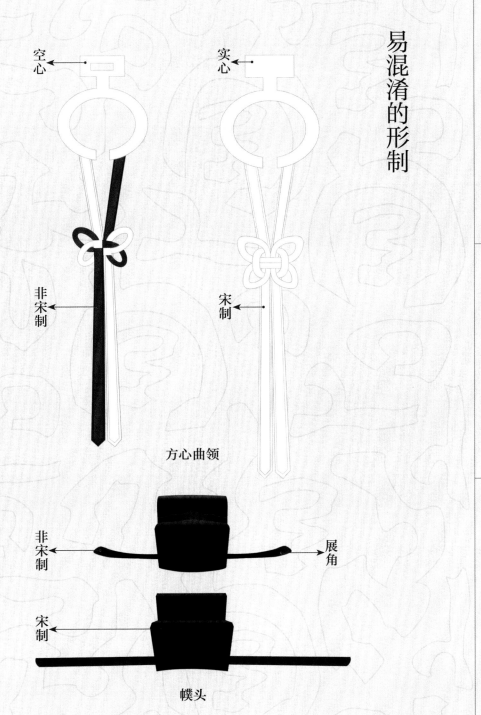

二 冠服解说

衮冕

其制，冕青表朱里，前后各十二旒，青碧天河带，朱丝组带为缨，黈纩充耳，玉簪导。青衣纁裳，十二章，衣绘八章，裳绣四章，蔽膝随裳色，绣升龙二，白罗中单，皂缘。革带绯罗为表，饰以玉銙，大带绯白罗。绶施玉环三，白玉双佩。赤舄缘以黄罗。重大典礼服之。

宋代冠服改制比较频繁，天子的衮冕，有过多次调整。

北宋前期，冕的前后有白珠十二旒①，外加翠旒，由上方的碧凤衔着。冕的四周缀金丝网、花素坠子，顶部有龙鳞锦②、玉七星、琥珀瓶、犀瓶，中间有条天河带，两端长至脚底。上衣为青色，裳为红色，蔽膝上织升龙两条，空白处用珍珠、琥珀、宝玉等装饰。

北宋中期，仁宗景祐年间（1034—1038），冕去掉翠旒、碧凤、犀瓶、琥珀瓶，龙鳞由织改为画，金丝由粗变细，蔽膝上不再用珠宝装饰，衮冕的形制整体上精简了许多，不过之后大多又恢复了。

北宋后期，徽宗政和年间（1111—1118），对礼制进行了大规模的调整。据《政和五礼新仪》冠服部分记载，冕表为青色，里为朱色，衣为青色，裳为纁色③。衣画日、月、星辰、山、龙、华虫④、火、宗彝⑤八章，裳绣藻、粉米⑥、黼⑦、黻⑧四章。南宋基本沿用此制。

注：①〔旒〕冕前后垂的珠串。

②〔龙鳞锦〕表面为龙鳞形状的丝织物。

③〔纁色〕浅红色。

④〔华虫〕一种羽色华丽的雉鸡。

⑤〔宗彝〕包含虎、蜼两种动物，蜼是长尾猿。

⑥〔粉米〕通常指白米，宋代分成粉与米两物，其中粉为白色，米色不定，或黄或白。

⑦〔黼〕斧状花纹，斧头多为半黑半白或半青半白，宋代斧头为碧色，斧柄为黄色。

⑧〔黻〕一种花纹，似两个弓字相背，颜色多为青黑相间，宋代为深蓝色。

衮冕（北宋后期）图解

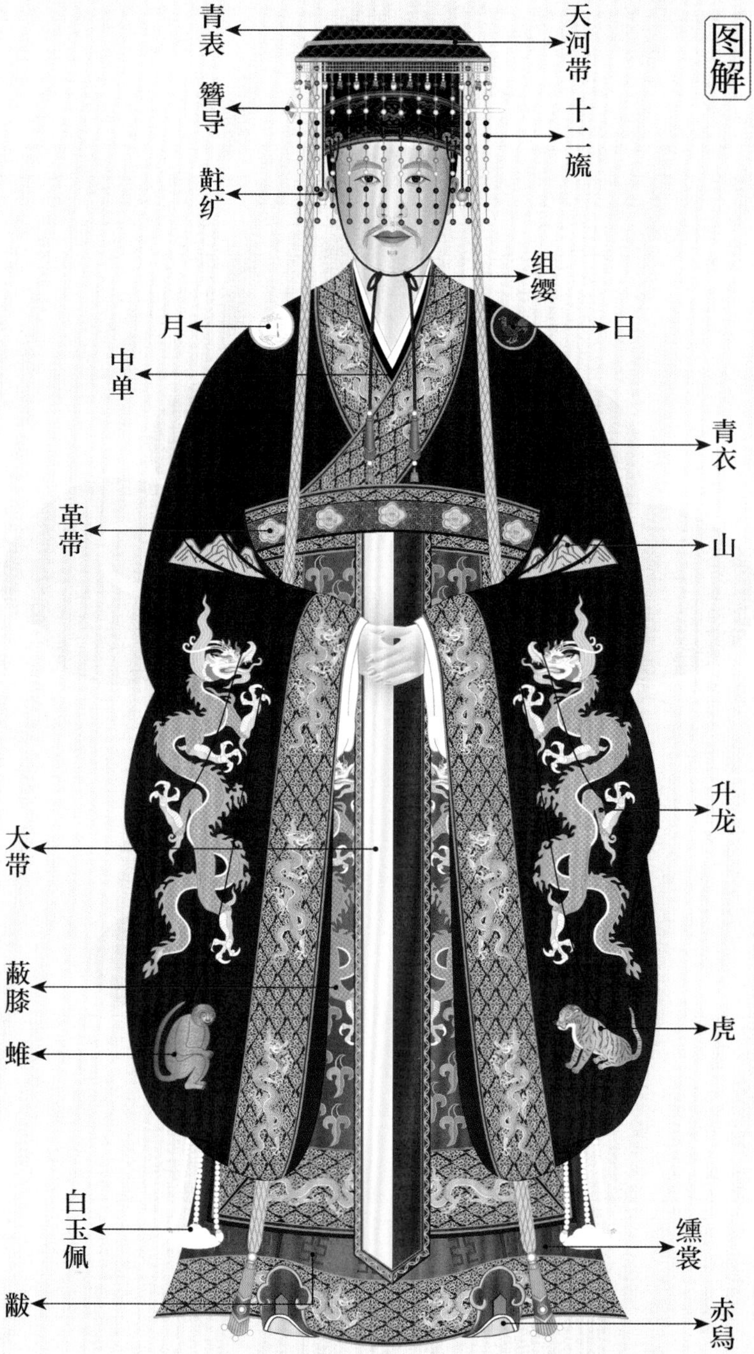

通天冠绛纱袍

其制，通天冠二十四梁，加金博山，附蝉，青表朱里，玉犀簪导，组缨翠緌。绛纱袍，云龙红金条纱织成，皂缘。白纱中单，朱缘。白罗方心曲领，蔽膝如袍饰，余同冕服。正旦、冬至、五月朔等大朝会及大册命、大祭祀致斋服之。

通天冠，表为青色，顶上有珠，前方有梁，梁前加金博山①，博山上附蝉②。仁宗天圣二年（1024），曾改称承天冠。南宋时，只有冠的高度降了一些，其余形制不变。

袍用绛③纱，上织云、龙，领与袖边为皂色④。方心曲领用白罗，蔽膝用绛纱，革带表裹绯罗⑤，佩用白玉。舄⑥的颜色有些争议，《宋史·舆服志》记载为黑色，而宋画中多为赤色。

通天冠、绛纱袍主要用于大朝会、册命皇后、大祭祀致斋⑦、诣景灵宫⑧、礼毕还宫⑨等场合。

注：①〔博山〕据说是表现仙山，其形状可参考汉代文物博山炉，本书中只是简易的山形。

②〔附蝉〕加蝉形的装饰品。

③〔绛〕深红色。

④〔皂色〕黑色。

⑤〔绯罗〕红色罗，绯为红色，罗为一种织物，有花纹的称花罗。

⑥〔舄〕有两层底的鞋子，多用于礼服。

⑦〔致斋〕祭祀前做的一些事，主要为了清心禁欲，以示恭敬。

⑧〔诣景灵宫〕瞻仰祖宗画像，景灵宫主要存放宋代皇帝、皇后的画像。

⑨〔礼毕还宫〕祭祀结束后还朝，祭祀大多在郊外进行。

通天冠绛纱袍

图解

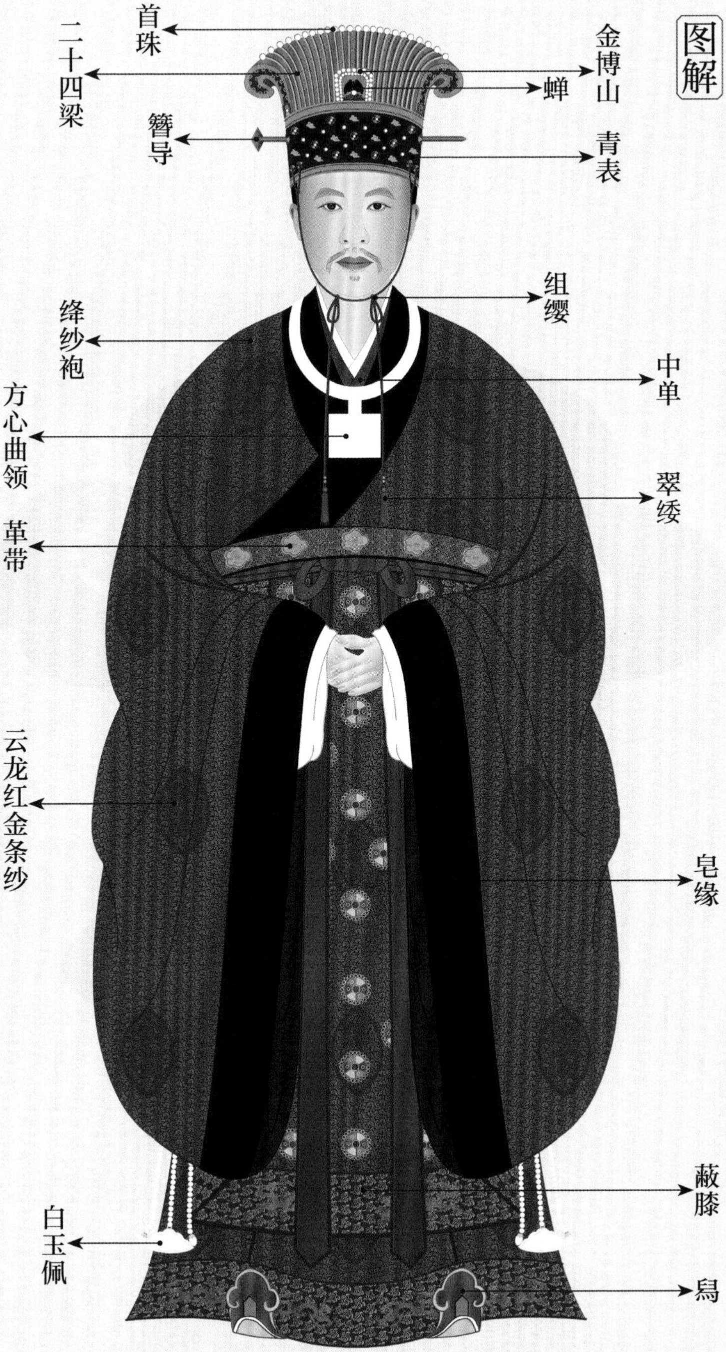

常服

其制，皂纱幞头，通犀金玉环带，皂文靴，有赭黄襈袍、淡黄襈袍、红衫袍，常朝则服之。政和更定礼制，改靴用履，中兴仍之，乾道七年，复改用靴，以黑革为之，大抵参用履制，惟加靿焉。

天子常服，主要形制为戴幞头，穿圆领袍，束红鞓[①]腰带，穿皂靴。

其幞头，左右两脚平直，像两把尺子，太宗之后，就基本定型，君臣之间没有区别。

其圆领袍，两宋略有差别，北宋为小圆领，领口边缘比较窄，南宋则比较宽。袍的颜色有赭黄[②]色、淡黄色、红色。

其腰带加顺折，也就是在胸前多绕一圈，关于其用意，宋沈括《梦溪笔谈·故事一》：“本朝加顺折，茂人文也。”

其鞋，北宋前期穿靴，到了徽宗政和年间（1111—1118），改靴为履[③]，南宋孝宗乾道七年（1171），又改穿靴，但融合了履的形制，大体形状为履加靴筒。

常服主要用于常朝[④]。

注：①〔鞓〕腰带的带身部分。

②〔赭黄〕黄中带红。

③〔履〕形制与舄相似，单层底。

④〔常朝〕大朝会以外的朝会。

常服 图解

红衫袍

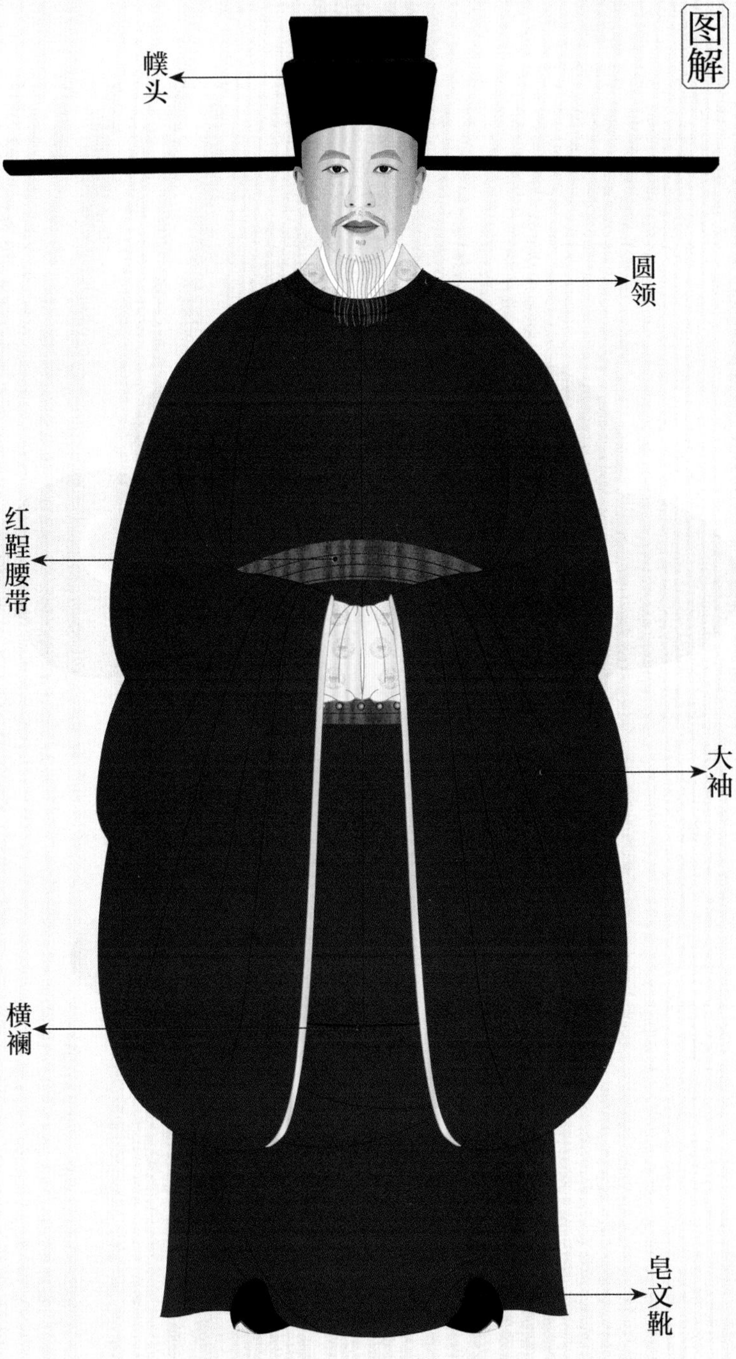

袆衣

其制，冠饰九龙四凤，花十二株，博鬓左右各三。袆衣，深青织成，翟赤质五色，十二等，蔽膝随裳色，用翟为章，三等。青革带，大带随衣色，纰以朱绿。绶施玉环三，双玉佩。青袜，青舄加金饰。受册、朝谒景灵宫服之。

冠上有龙、凤、花、云、仙人等，均用小珠装饰，冠口处有珍珠环绕。冠的两侧是博鬓，其边缘是小珠，中间是龙，下方是坠子，左右各三片。

衣为深青色，有翟纹①，翟纹有五色，以赤色为主，领与袖边为红色，上织龙纹。蔽膝为深青色，也有翟纹。玉佩，北宋前期为白色，徽宗之后改为青碧色。革带、袜、舄均为青色。

关于袆衣②的形制，《宋史·舆服志》记载得不太详细，具体细节可参考《大金集礼》舆服部分。金代的礼服形制大多参照北宋，从存世的宋代皇后画像来看，其记载基本吻合，而描述则比较具体。

袆衣是皇后最高级别的礼衣，主要用于重大典礼。

注：①〔翟纹〕雉纹，其原型是古代的一种鹞，生活在江淮以南地区，身具五色。

②〔袆衣〕宋代以前，皇后礼服都称“衣”，首礼服称“袆（huī）衣”，用“衣”字旁，宋代偏重礼仪，用“示”字旁，称“袆（yī）衣”。

图解 袆衣（南宋中期）

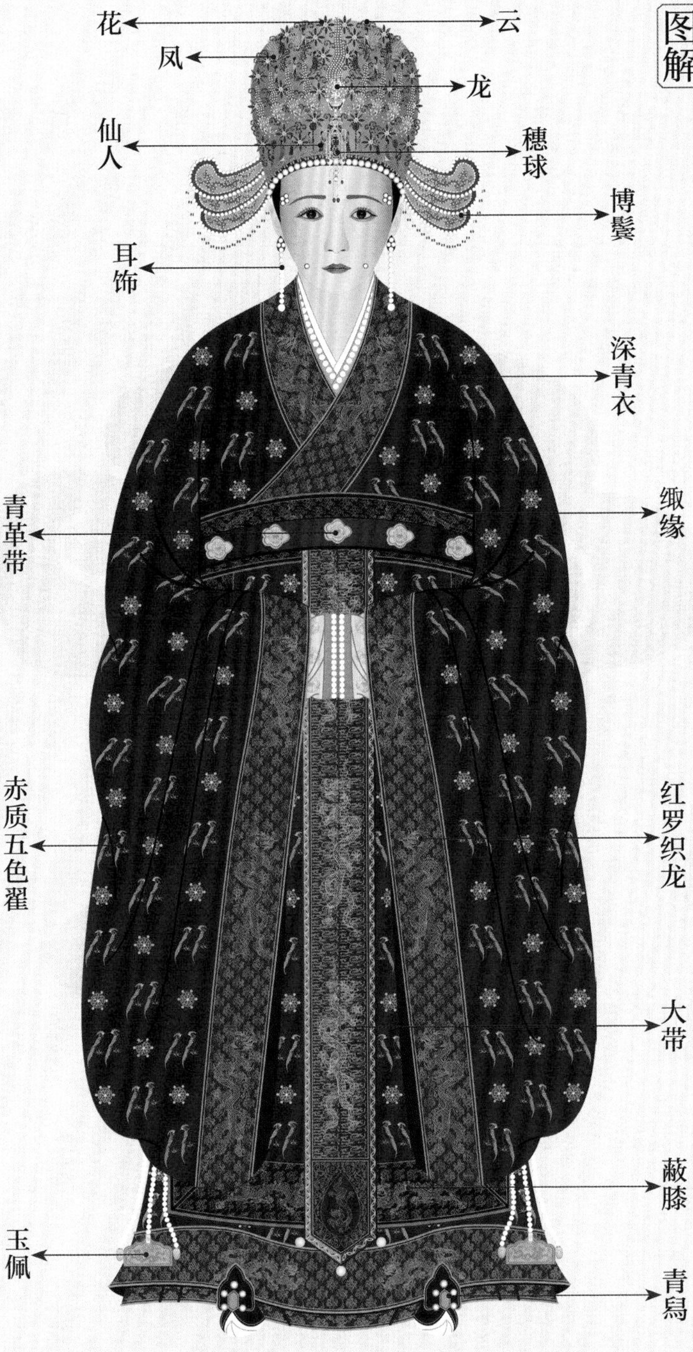

鞠衣

其制，黄罗为之，蔽膝、大带、革带、舄均随衣色，余同袆衣，唯无翟，亲蚕则服之。

常服

其制，龙凤珠翠冠，大袖，生色领，霞帔，玉坠子，长裙，粉红纱短衫。又有红罗背子，生色领，与臣下不异。

鞠衣是皇后亲蚕[①]时穿的礼衣，衣为黄色，没有翟纹。蔽膝、大带、革带、舄的颜色均与衣色相同，其余形制与袆衣相同。

常服戴龙凤珠翠冠，内穿粉红纱短衫[②]，下穿黄纱长裙，外穿大袖衣，加霞帔。霞帔，宋初为青色，后为红色，披在肩上，下方垂有玉坠子，坠子上有龙纹。另有红罗背子[③]，其形制与臣下没有差异。

关于皇后的常服，《建炎杂录》（出自《永乐大典》第 19786 卷）有较为详细的记载。常服及袆衣，对明代后妃的礼服形制影响很大。

注：①〔亲蚕〕亲自参与蚕事的一种典礼。

②〔衫〕一般为单层，没有里子，贵族阶层多用作内衣。

③〔背子〕对襟，左右领直下，两侧开衩。

图解 鞠衣（南宋中期）

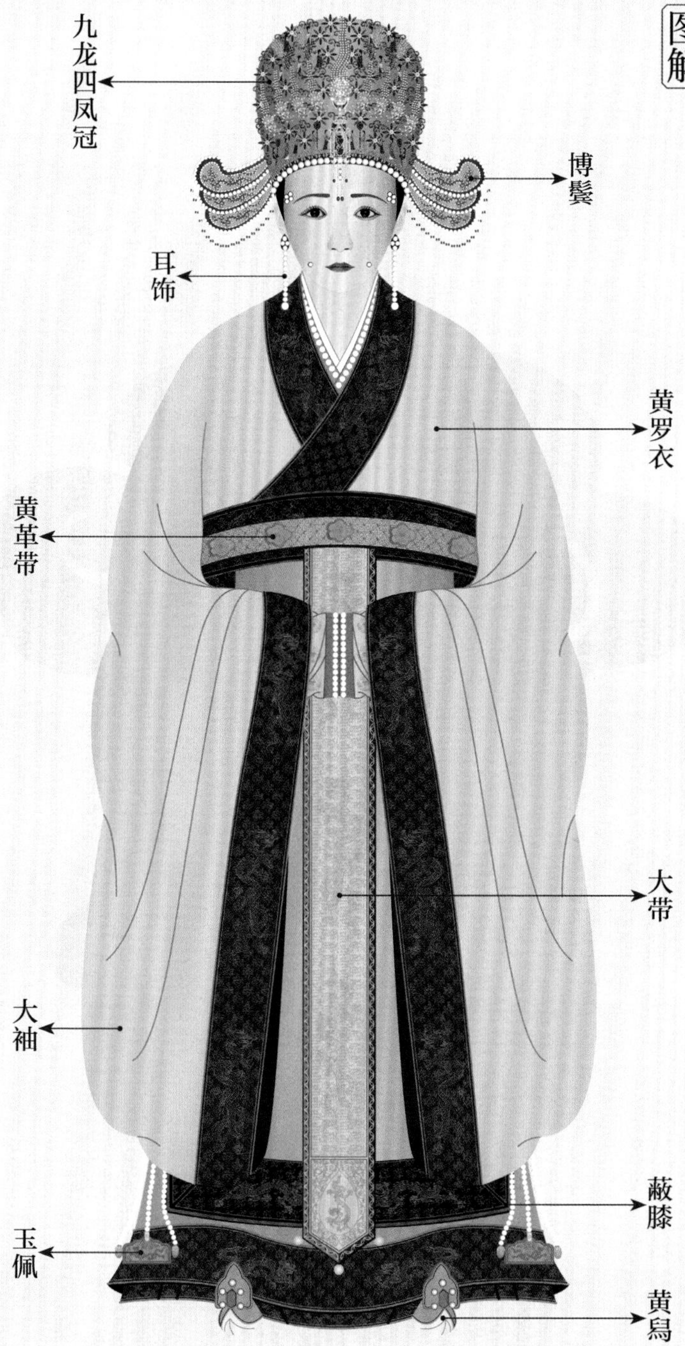

常服

图解

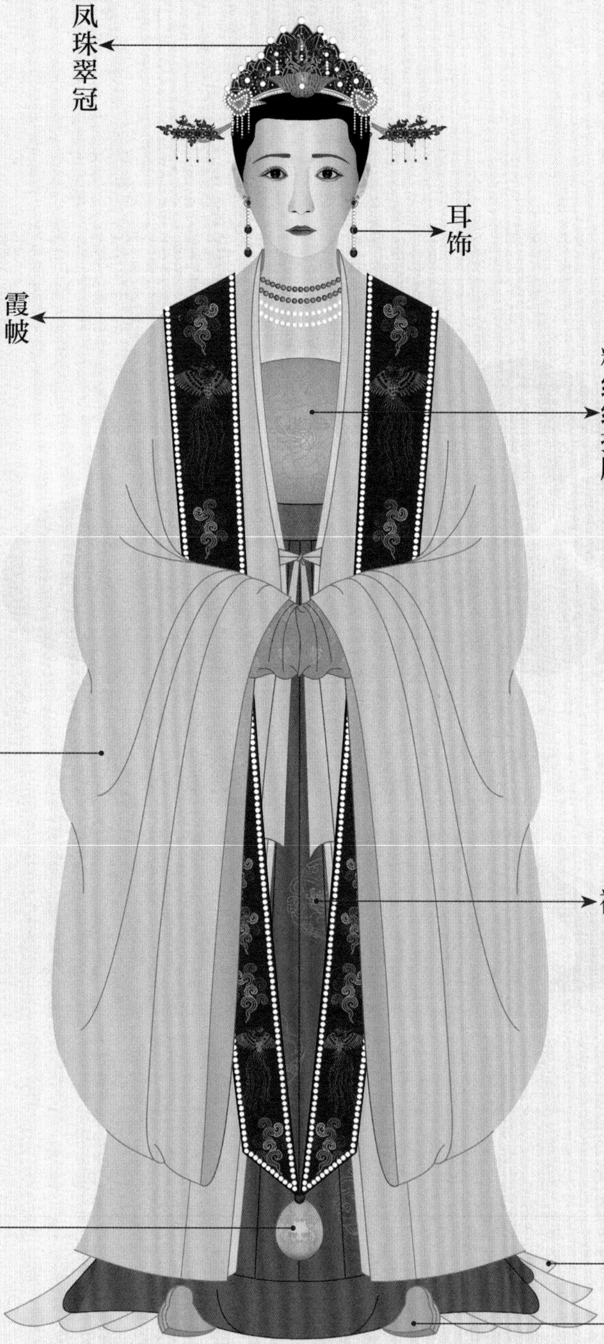

皇太子衮冕

其制，前后各垂白珠九旒，青罗表，涂金银钑花饰，红丝组为缨，犀簪导。青罗衣，红罗裳，九章，五章在衣，四章在裳，蔽膝随裳色，绣火、山二章，白纱中单，青缘。革带涂金银钩䚢，瑜玉双佩。白袜，朱履。加元服、从祀、纳妃服之。

皇太子衮冕，垂白珠九旒，衣服上有九章，较天子衮冕少了日、月、星辰三章。

上衣用青罗，画山、龙、华虫[①]、火、宗彝五章。裳用红罗，绣藻、粉米、黼、黻四章。蔽膝为红色，绣火、山二章。佩用瑜玉，其特点是无杂纹、颜色不定。

皇太子的衮冕主要用于加元服[②]、纳妃、从祀等重大典礼。其形制前后期变化不大，《宋史·舆服志》记载："政和议礼局更上皇太子服制，衮冕惟青纩[③]充耳[④]，余并同国初之制。"在徽宗政和年间（1111—1118）改过充耳，之后未再调整。

注：①〔华虫〕位置与蔽膝重合。

②〔加元服〕仪式与冠礼相似，用于尊者。

③〔纩〕丝绵。

④〔充耳〕小球悬在耳边。

图解 皇太子衮冕（北宋前期）

远游冠朱明服

其制，远游冠十八梁，青罗表，金涂银鈒花饰，犀簪导，红丝组为缨，博山，政和之后附蝉。朱明服，红花金条纱衣，白纱中单，皂缘，红纱蔽膝。方心曲领，白袜，黑舄，余同衮服。受册、谒庙、朝会则服之。

远游冠，表用青罗，缨①用红丝带，冠上有十八梁，梁前加博山，徽宗政和之后，博山上附蝉，其形制与通天冠比较相似。

朱明服，衣用红纱，中单②用白纱，领与袖边为皂色，袜为白色，舄为黑色。革带、佩与衮冕相同。

在宋代，只有皇太子用远游冠，普通皇子、亲王用貂蝉笼巾③，这与之前的朝代不同。

远游冠朱明服主要用于大朝会、受册④等重要场合，日常公事则用常服，戴幞头，穿紫袍，束金玉带。

注：①〔缨〕系于颔下的带子，用于固定帽子。

②〔中单〕外衣与内衣之间的单衣。

③〔貂蝉笼巾〕见本卷群臣冠服之朝服内容。

④〔受册〕接受册命。

远游冠朱明服（北宋后期）

图解

朝服

其制，朱衣朱裳，皂缘，白罗中单，蔽膝随裳色。方心曲领，绯白罗大带，革带、佩、绶各有品从，白袜，黑履。其冠一曰进贤冠，二曰貂蝉冠，三曰獬豸冠。进贤冠以漆布为之，以梁数为等差，貂蝉冠又名笼巾，织藤漆之，獬豸冠刻木为角，碧粉涂之。朝会、侍祠服之。

衣裳前期为绯色，神宗元丰年间（1078—1085）改用绛色，徽宗政和年间（1111—1118）改为朱色。大带用绯白罗，履为黑色。冠分为三类，普通官员戴进贤冠，王公重臣戴貂蝉笼巾，御史[1]戴獬豸冠。

进贤冠，以梁数为等级差别，前期最高为五梁，神宗元丰年间（1078—1085）改为七梁，最低为二梁。冠上几梁，与官员的品级及职位有关系。

貂蝉笼巾，也称貂蝉冠，为方形，左侧插貂尾，前面附蝉。

獬豸冠，也以梁数为等级差别，在梁的上方有獬豸角[2]，用木刻成，然后涂上碧粉。

朝服，主要用于大朝会及一些重要场合。

注：①〔御史〕官职，负责监察类的事务。

②〔獬豸角〕獬豸是一种神兽，头上只有一只角。

朝服 图解

貂蝉笼巾（北宋后期）

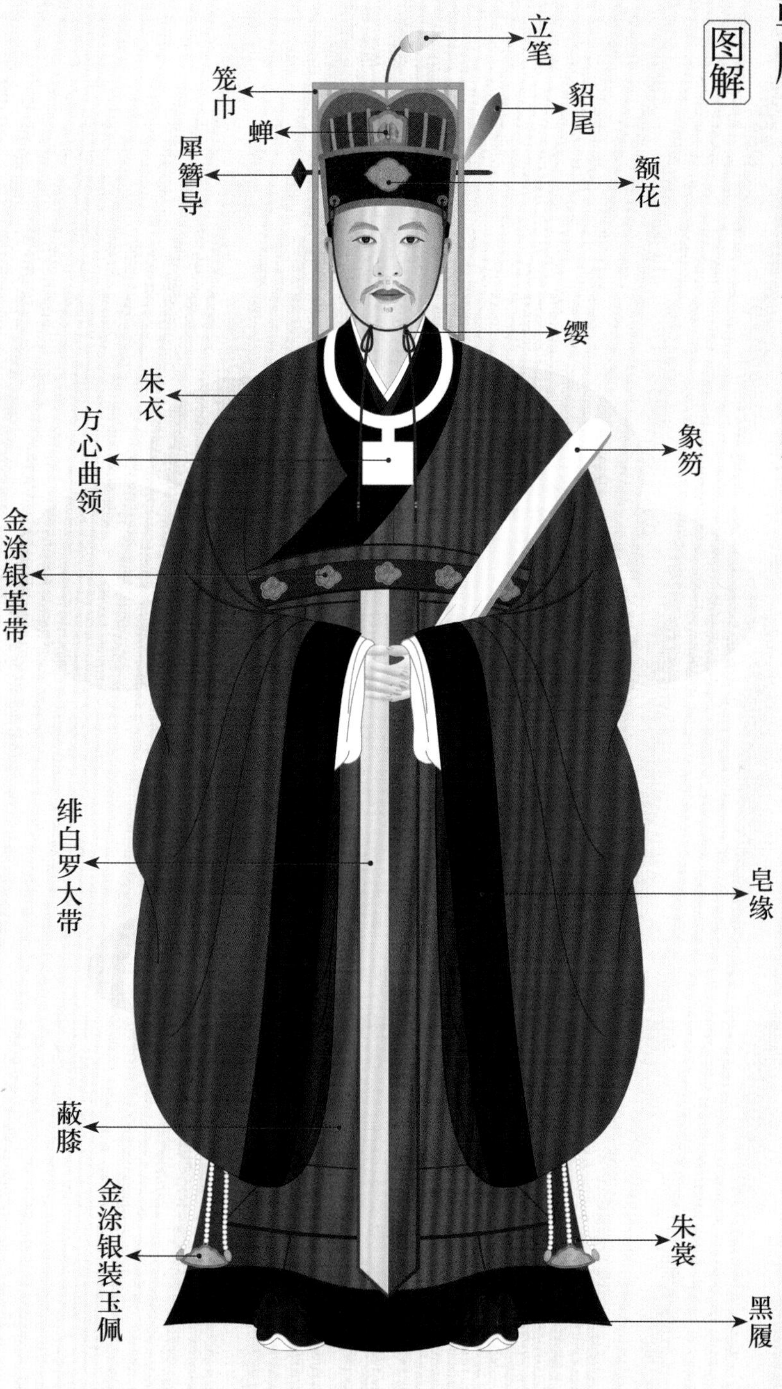

表 2-1　官员朝服冠佩表（北宋后期）①

冠	绶	绶环	佩	革带
貂蝉笼巾	天下乐晕②锦绶	玉环	金涂银装玉佩	金涂银革带
进贤七梁冠	杂花晕锦绶	玉环	银装玉佩	金涂银革带
进贤六梁冠	方胜宜男锦绶	银环	银佩	银革带
进贤五梁冠	翠毛锦绶	银环	银佩	银革带
进贤四梁冠	簇四盘雕锦绶	银环	银佩	银革带
进贤三梁冠	黄狮子锦绶	鍮石③环	金涂铜佩	金涂铜革带
进贤二梁冠	方胜练鹊锦绶	鍮石环	金涂铜佩	金涂铜革带
獬豸冠	青荷莲绶	从本品④	从本品	从本品

注：① 主要参考《宋史 · 舆服志》《政和五礼新仪 · 冠服》。

②〔天下乐晕〕一种花纹，可能以灯笼为主，具体形制不详。

③〔鍮石〕黄铜，像金。

④〔从本品〕与官员的品阶对应，主要以獬豸冠上的梁数来定。

公服

其制，幞头，圆领大袖，下施横襕，乌皮靴。前期，三品以上服紫，五品以上服朱，七品以上服绿，九品以上服青。元丰元年，去青不用，官至四品服紫，至六品服绯，皆象笏佩鱼，九品以上则服绿，笏以木。南宋仍元丰之制。

公服，前期按色分为四等，依次为紫、朱、绿、青。神宗元丰时期，改为三等，依次为紫、绯、绿。穿公服时会佩鱼[1]，文官穿紫佩金鱼，穿绯佩银鱼，武官与内侍不佩鱼。在袍的膝盖处有一条横线，称为横襕，算是象征了“上衣下裳”。

公服带，其鞓[2]有红色、黑色两等，红色鞓主要为四品以上官员使用。其銙[3]，高级别的官员用金，低级别的官员多用角[4]，銙上的花纹比较丰富，有荔枝、八仙、犀牛、宝瓶、双鹿、行虎、戏童等，此类文物出土比较多。

公服主要用于日常公务。

注：①〔佩鱼〕用金、银做成鱼形，系在腰带后方，用来象征身份。

②〔鞓〕腰带的带身部分。

③〔銙〕腰带上的装饰物，多为方形。

④〔角〕动物角。

公服 图解

一等 紫

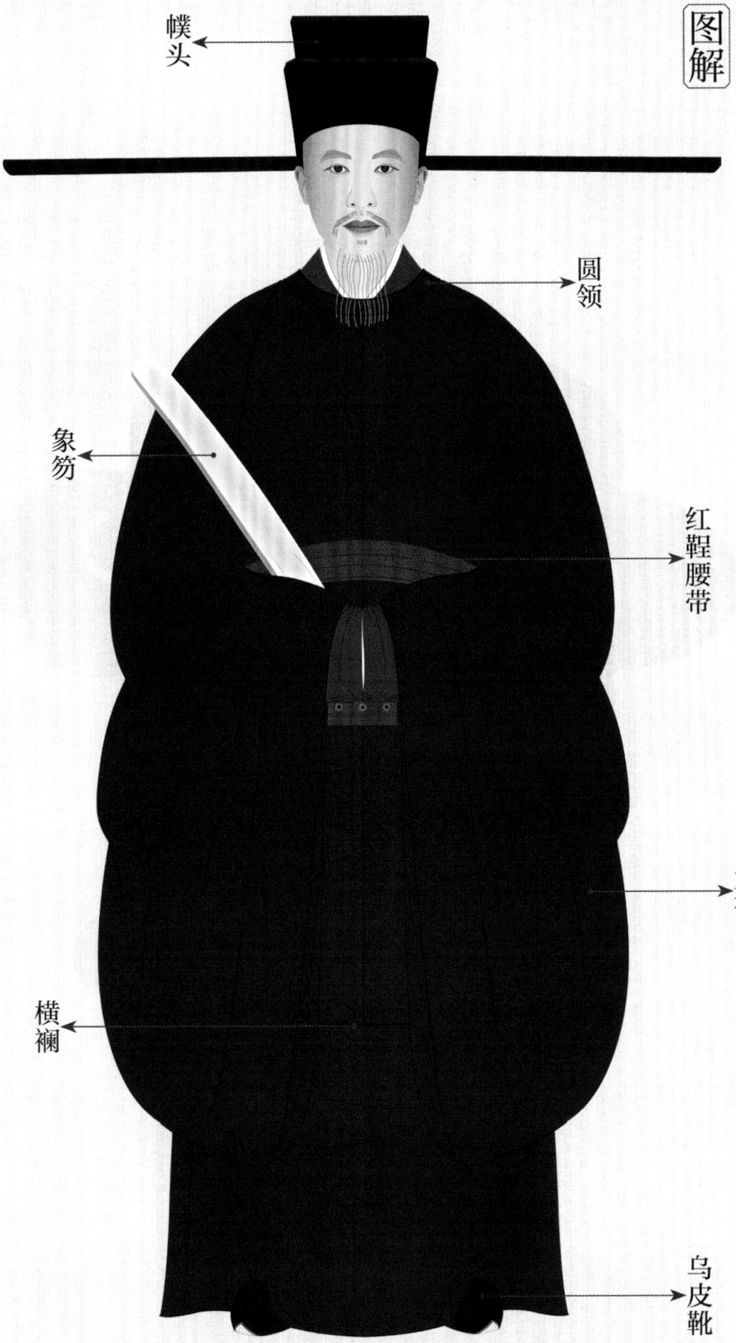

祭服

其制，北宋有九旒冕、七旒冕、五旒冕、无旒冕，衣有青衣、玄衣、紫檀衣，裳有绯裳、朱裳、纁裳。南宋一曰鷩冕，八旒；二曰毳冕，六旒；三曰絺冕，四旒；四曰玄冕，无旒。纮以紫罗，衣以青黑罗，纁裳，玄冕者衣纯黑。奉祀则服之。

北宋有九旒冕、七旒冕、五旒冕、无旒冕，其中九旒冕分为有额花[①]、无额花两种。前期，衣主要为青色，裳主要为绯色；没有额花的九旒冕，其衣为玄色[②]，裳为纁色。七旒冕、九旒冕有章纹（主要指山、火、黼、黻等），五旒冕、无旒冕没有章纹。后期，衣主要为青色，裳主要为朱色，九旒冕衣上画有降龙[③]。

南宋有鷩冕、毳冕、絺冕、玄冕，分别为八旒、六旒、四旒、无旒，旒用阴数[④]。衣主要为青黑色，裳为纁色，玄冕服没有章纹，衣为纯黑色。

祭服主要用于祭祀。

注：①〔额花〕帽子前面的装饰物或花纹，一般为银上涂金。

②〔玄色〕赤黑色，黑中带红。

③〔降龙〕龙头在下，龙身在上，呈下降姿态。

④〔阴数〕偶数，与阳数相对，后者为单数。

祭服 图解

五旒冕（北宋后期）

祭服 图解

绨冕（南宋）

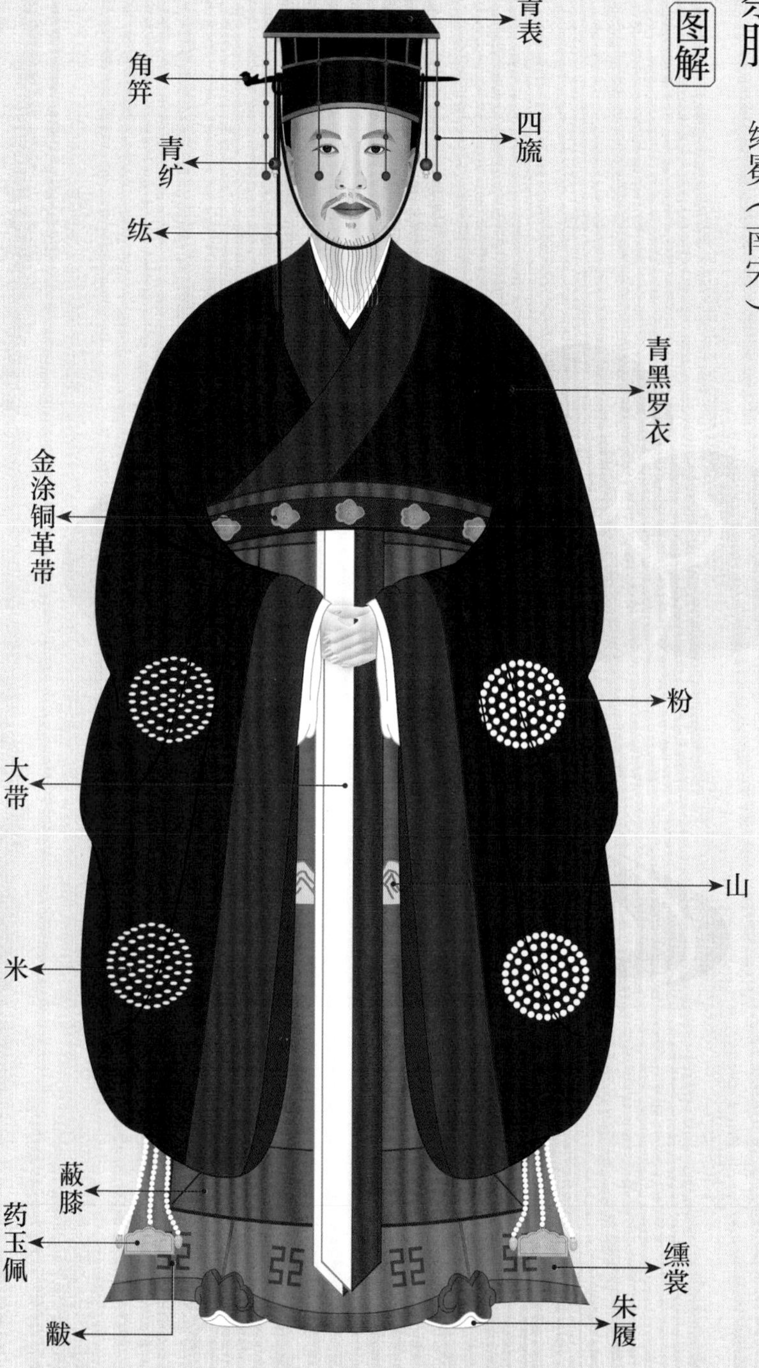

表 2-2 官员祭服章纹表[①]

时期	冕	章纹（上衣）	章纹（裳）	章纹（蔽膝）
北宋前期	九旒冕	山、龙、华虫、火、宗彝	藻、粉米、黼、黻	山、火
	七旒冕	宗彝、粉米	黼、黻	山、火
北宋后期	九旒冕	降龙	—	—
南宋	鷩冕	华虫、火、宗彝	藻、粉米、黼、黻	山、火
	毳冕	宗彝、藻、粉米	黼、黻	山
	絺冕	粉米	黼、黻	山

注：① 主要参考《宋史 · 舆服志》。

女官冠服

其制，大事服礼衣，寻常供奉则公服。宋承旧制，渐置二十四司，司正多赐以裙帔。前期，宫中尚白角冠梳，人争仿之，皇祐四年，诏禁之。圣节及赐宴，幞头簪花，花以红、黄、银红三色，谓之簪戴。

宋代女官主要有礼衣、公服、便服。

礼衣用于比较重要的场合，其制为交领大袖，有蔽膝及垂结带①，带上有环，多为银环或鍮石环，衣色主要有红色、绿色及青色。

公服主要用于日常公务，穿圆领袍或衫，高等级的女官穿红色，低等级的女官穿绿色，头戴无脚幞头，前有额花。

便服是女官在日常生活中穿的衣服，北宋主要为裙襦②，司正③大多有帔④，南宋主要为衫裙，衫一般为对襟，即左右领不相交。

在一些特殊的节日或场合，如皇帝的生日、赐宴，女官们戴簪花幞头，称为簪戴。花用罗制成，有红、黄、银红⑤三种颜色。逢年过节，会有赐服，称时服。

女官主要负责宫中的衣、食、住、礼仪、文书等，不同的职务、品级，有不同的服制规格，有的没有礼衣，有的只有便服。

注：①〔垂结带〕带上垂有较大的结，宋画中比较常见。

②〔襦〕短衣。

③〔司正〕正七品，二十四司的负责人，详见附录《宋代女官职细表》。

④〔帔〕宋代帔分两种，一种为霞帔，一种为帔帛，便服中用帔帛，为一条长巾。

⑤〔银红〕浅红色，红中泛白。

礼衣 图解

低等级

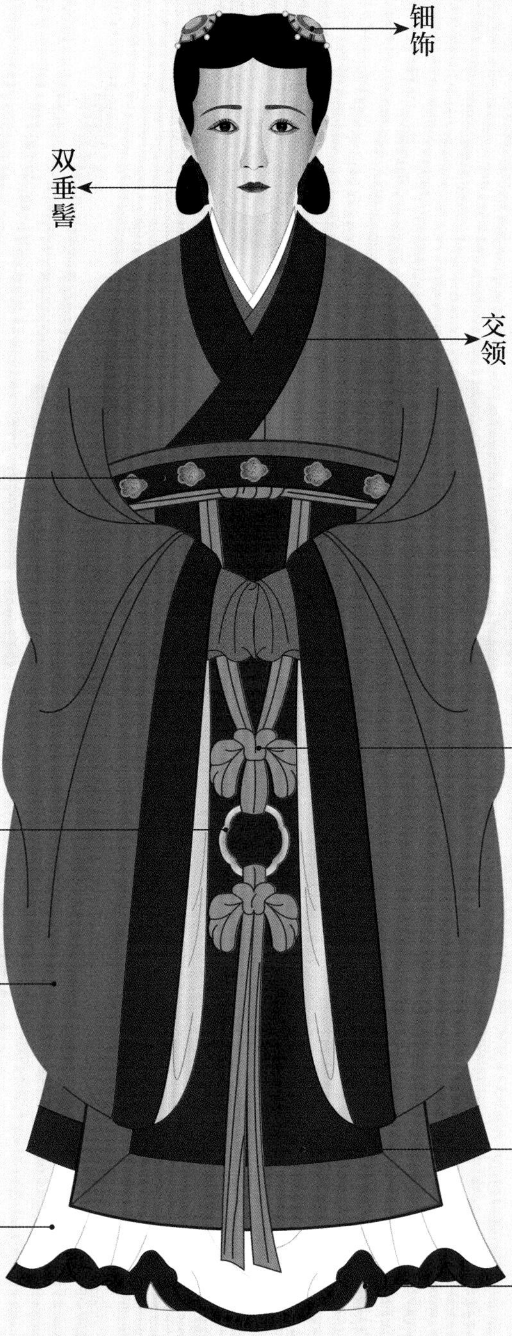

公服 图解

高等级

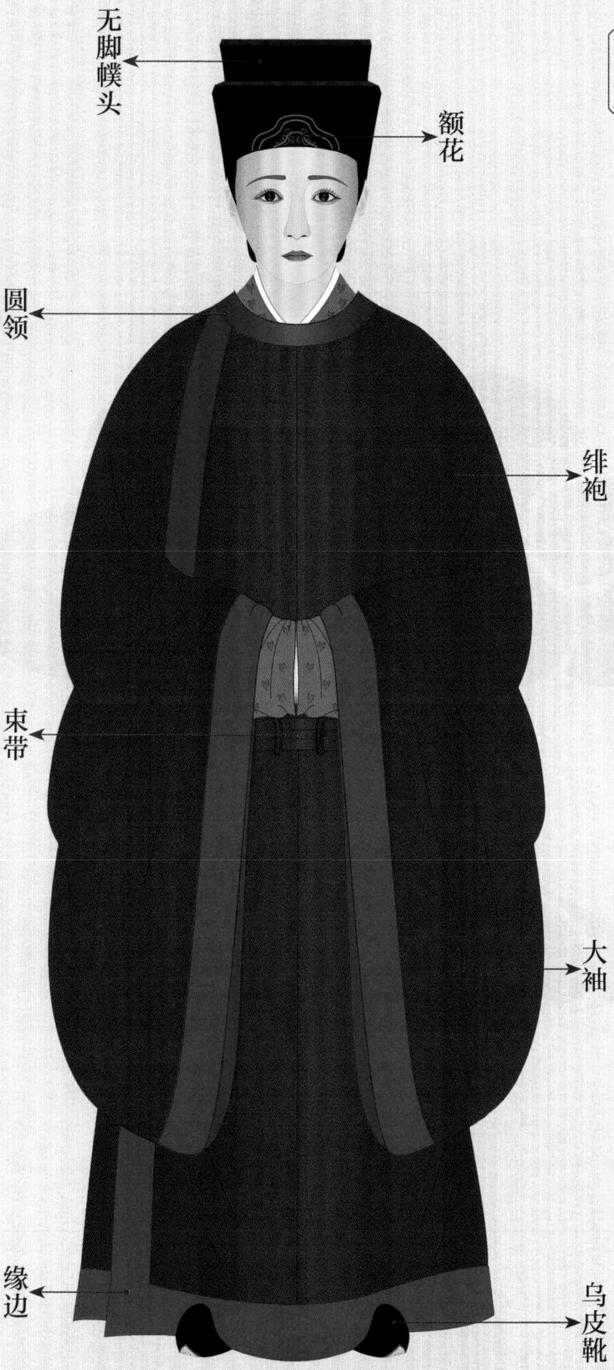

图解 职事服

簪戴

士庶 男服

宋初，庶人服白，太宗时许服皂，束铁角带。士人交际常服帽衫，帽以乌纱，衫以皂罗。士庶盛服，进士幞头、襕衫，处士幞头、皂衫，庶民通用帽子、衫。襕衫，以白细布为之，圆领大袖，下施横襕，腰间有襞积。

男子衣衫，交领、圆领都有。衣服的颜色以白色、黑色为主，衣长通常不过膝，一则便于劳作，二则为了节省布料。其腰带，有铁带①、布带、丝绦②等。

庶人③戴的头巾差异不大，有四条带子的，也有两条带子的，其中四条带子的也称四脚，由唐代幞头演变而来，宋沈括《梦溪笔谈·故事一》谈到："庶人所戴头巾，唐人亦谓之四脚，盖两脚系脑后，两脚系颔下，取其服劳不脱也，无事则反系于顶上，今人不复系颔下，两带遂为虚设。"

士人④多戴东坡巾，巾有内外两重，内高外低，外层不闭合。国子生⑤、州县生⑥及进士多穿襕衫，其形制为圆领大袖，下有横襕，用白细布制成。

注：①〔铁带〕主要指用皮革制成的腰带，上面用铁装饰。

②〔丝绦〕用丝线编成的腰带，多为绳状。

③〔庶人〕平民、百姓。

④〔士人〕介于庶人与官员之间的群体，以读书人为主。

⑤〔国子生〕国子监的学生，多为官员子弟。

⑥〔州县生〕地方官办学堂的学生。

图解 男服

进士 盛服

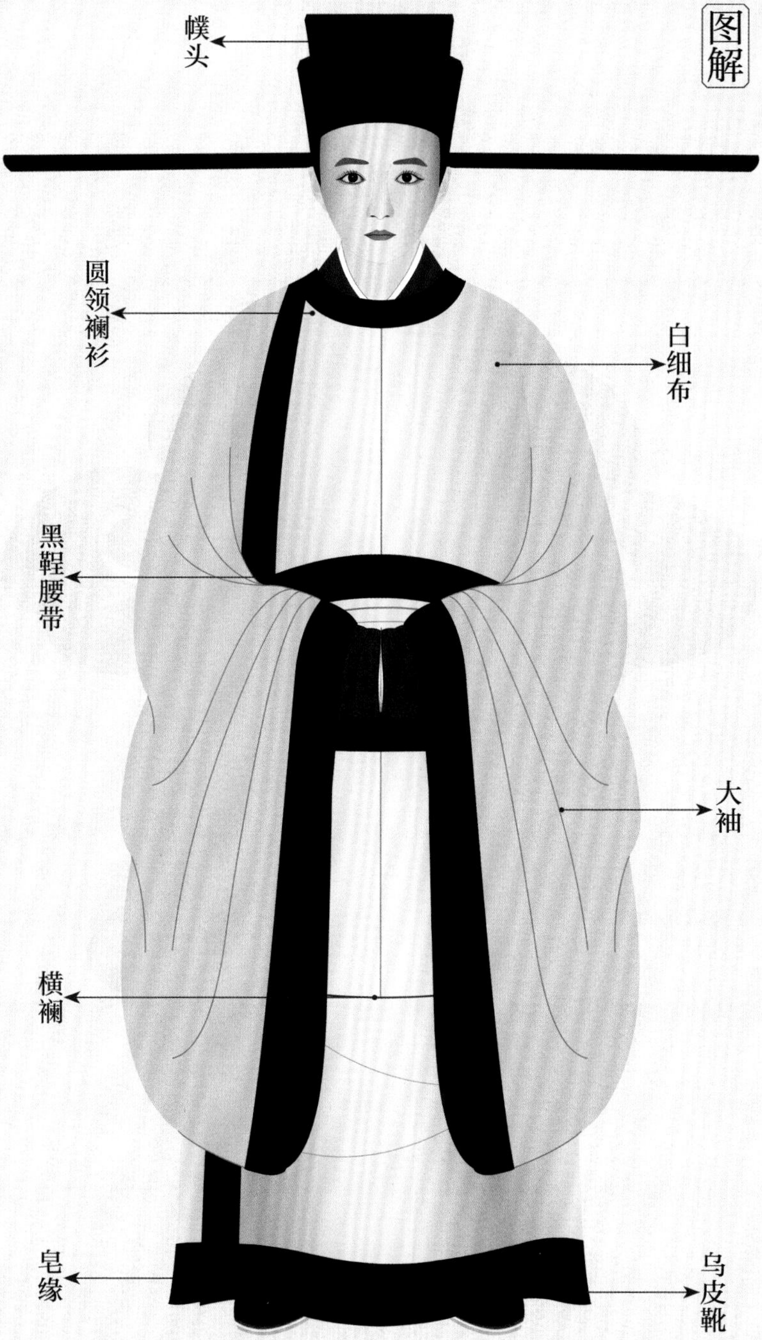

男服图解

行商

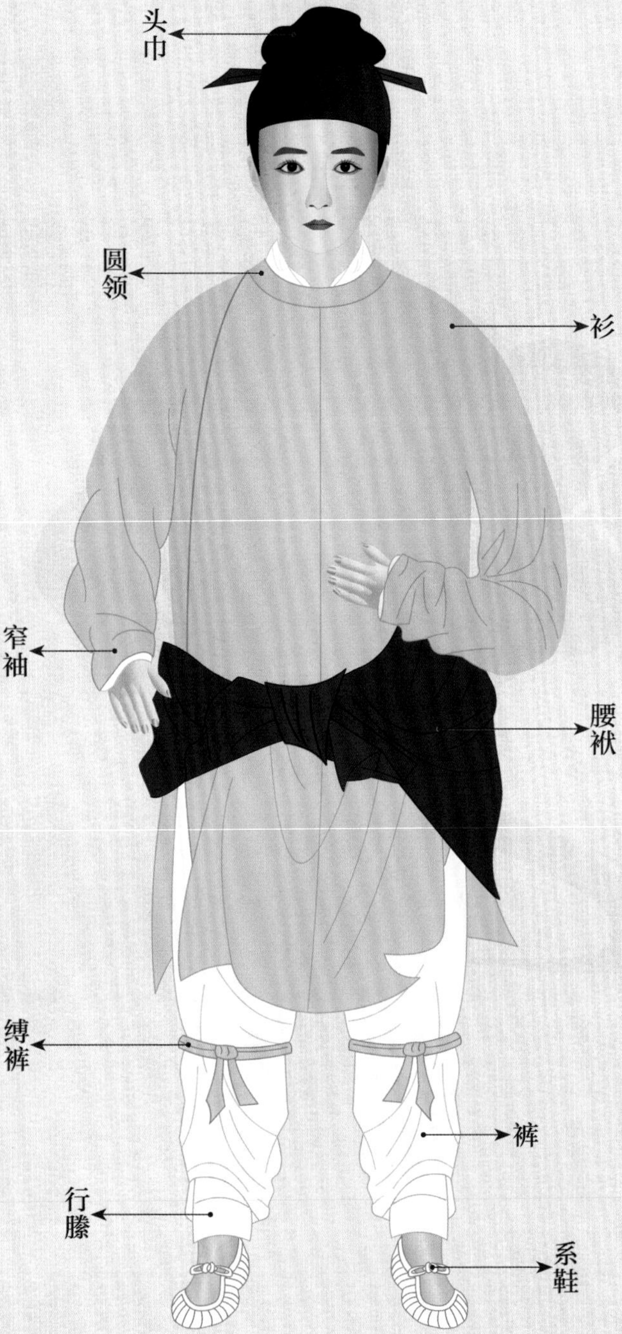

男服

图解

吏差

士庶女服

其盛服，妇人假髻大衣长裙，女子在室者冠子背子，众妾则假紒背子。冠子毋得采捕鹿胎制造，广毋得逾一尺，冠梳长毋得逾四寸。不得以白色及褐色毛段制造衣服，毋得以珍珠装缀首饰衣服。

宋代女子，头上戴的主要有冠子、假髻[①]、盖头等，身上穿的主要有背子、衫、襦等。普通人家，不能用金、珍珠装缀首饰或衣服，服饰的颜色以青、绿为主。

在正式场合，妇人穿大衣长裙，戴假髻，待嫁女子穿背子戴冠子。针对冠子，宋仁宗曾多次下诏，景祐三年（1036），诏令“毋得采捕鹿胎制造冠子”，皇祐元年（1049）再次下诏，对妇人冠子的高宽尺寸作出限制。

女子劳作时，通常会束腰带，多在身后或侧面打结。

女子外出骑行[②]时，戴席帽[③]或盖头。在宋代，用盖头的比较多，其中媒人也用。媒人，说官亲的戴皂罗或紫罗盖头，穿紫背子，普通媒人戴黄包髻，穿背子。

注：①〔假髻〕假发、外加的发髻。

②〔骑行〕指骑马、驴等。

③〔席帽〕由唐代帷帽演变而来，帽的四周垂纱网。

女服图解 仕女

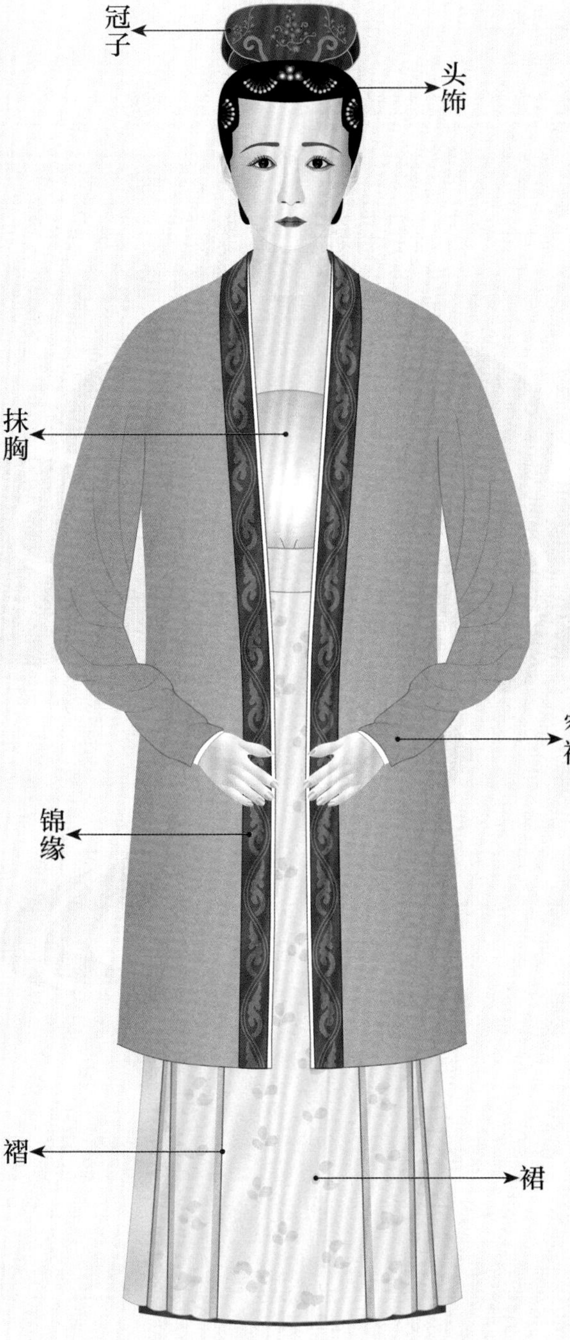

女服图解

官之妻 盛服

女服 图解

教坊乐童

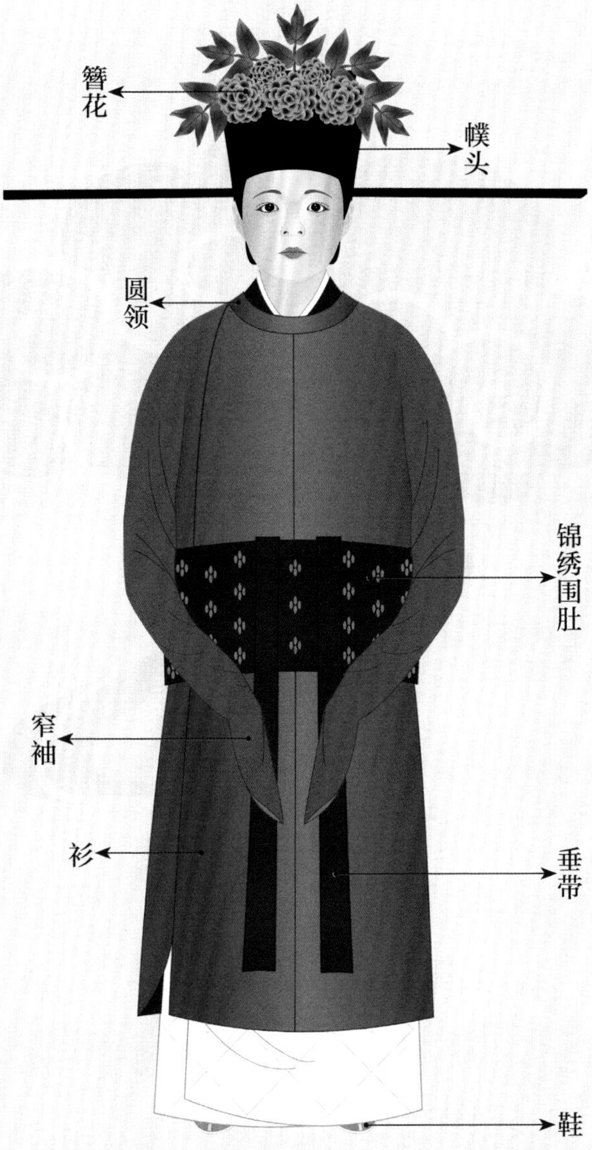

军卫便服

其兵制，一曰禁军，二曰厢军，三曰乡兵，其职不同，其服亦异。有戴武弁、平巾帻、金鹅帽，也有黑漆团顶无脚幞头、朱漆金装笠子等。南渡后，仪仗尤简，用铜革带者以勒帛代，禁卫班直，服用锦绣者，以缬罗衫代。

军士日常多穿便装，不常披甲。宋代兵制，大致分禁军、厢军、乡兵，职责不同，服制也不同。禁军是天子的近卫军，衣着相对华丽，头上戴武弁①、平巾帻②等。厢军、乡兵属于地方武装，穿得不太正规，军士戴头巾，也有戴笠帽的。

军士穿的袍衫，一般比较短，便于行动。腰部通常会加捍腰③，尤其是在佩带兵器的时候，将领、兵士都有，只是材质不同。使用捍腰时，通常会系勒帛④。在宋代，使用行縢也多，用于将裤腿的下半部分裹紧。兵士穿的鞋多为系鞋，是系带式的，造型比较简易，将领多穿靴。

注：①〔武弁〕方形，与朝服笼巾相似。

②〔平巾帻〕与朝服进贤冠相似，没有梁。

③〔捍腰〕腰部环抱式的装束。

④〔勒帛〕腰带，一般比较长，打结后余部垂在前方。

便服 图解

将领

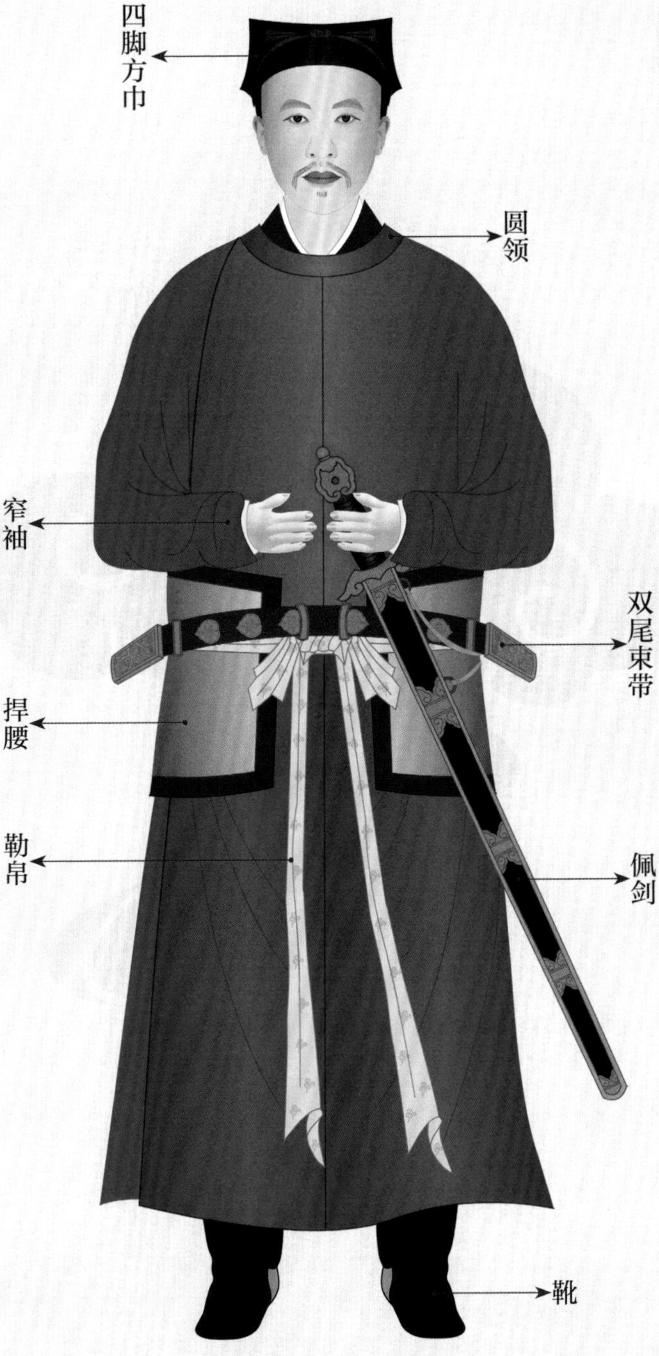

绣袍

凡绣文，左右卫以瑞马，骁卫以雕虎，屯卫以赤豹，武卫以瑞鹰，领军卫以白泽，监门卫以狮子，千牛卫以犀牛，六军以孔雀，乐工以鸾，驾士司徒以瑞马，御史大夫以獬豸，兵部尚书以虎，太常卿以凤，县令以雉，余者多以宝相花。

绣袍主要用于卤簿①，按颜色分为黄绣袍、紫绣袍、绯绣袍、绿绣袍、青绣袍等。袍上绣的花纹，有宝相花②、瑞马、犀牛、赤豹、狮子、虎、瑞鹰、孔雀等，其中宝相花使用最多，其他花纹与职位对应，如：左右卫将军的绣袍上绣瑞马、左右武卫将军的绣袍上绣瑞鹰。花纹一般为团纹，以六团居多，分布在胸、背、肩、膝处。

穿绣袍时，头戴平巾帻、武弁、幞头等。幞头的脚有直脚、交脚，也有朝天的。戴平巾帻、幞头时，一般还会加抹额③。

注：①〔卤簿〕主要指天子出行时设的仪仗，有军卫、车驾、旗幡、伞扇、鼓乐等。

②〔宝相花〕一种寓意吉祥的花纹，文物中比较常见。

③〔抹额〕裹在额头部位的巾带。

绣袍

图解

仪卫 抹额

甲胄

其制，甲身上缀披膊，下属吊腿，首则兜鍪顿项。造甲之法，步军欲其长，马军欲其短，弩手欲其宽，枪手欲其窄，其用不同，其制亦异。步人甲，名曰全装，分三等，第一等给肥胖之士，第二等给中常之士，第三等给瘠弱之士。

宋代甲胄，按材质大体分为铁、皮、纸三类，高级将领多用涂金铁甲，戴凤翅头鍪[1]。按兵种又分为步人甲、马军甲、弩手甲、枪手甲。

步人甲，按照胖瘦分作三等，每等腰部周长相差约 15 厘米，具体形制可参考华岳《翠微先生北征录》第七卷。

马军甲，比较短，下方刚好遮住膝盖，避免因甲太长导致骑马时卡绊，在必要的时候加护腿，以保护腿部。

弩手甲，由于弩手臂膀需用张力，所以甲比较宽。

枪手甲，窄一些，不过用的甲叶[2]并不少，比较精细，据《宋会要辑稿·舆服六》记载，其甲身有甲叶 1 610~1 810 片。

宋代还有仪卫甲、裲裆甲，仪卫甲多为皮甲，裲裆甲由前后两片组成。

注：①〔头鍪〕头盔，用于保护头部。

②〔甲叶〕甲的组成单位，上面有孔，用于串接。

甲胄 将领

图解

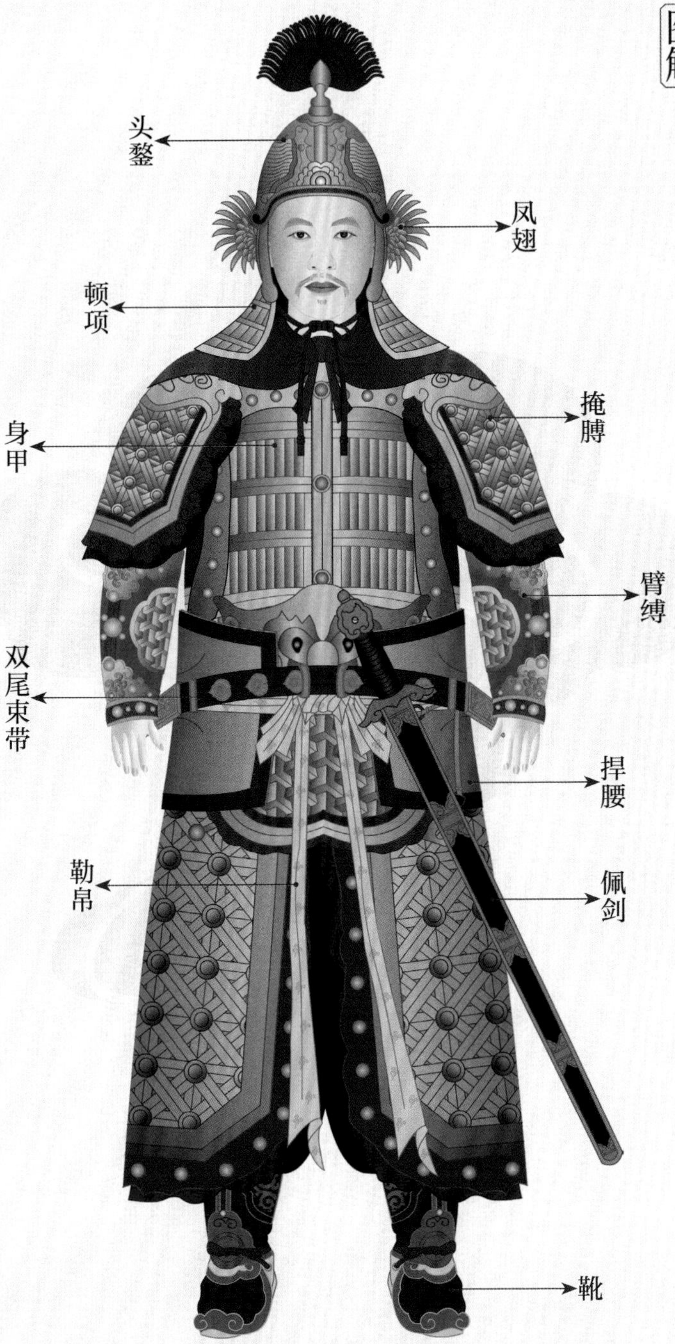

三 冠服展示

天子冠服

衮冕（北宋后期）

天子冠服

通天冠绛纱袍

天子冠服

常服 红衫袍

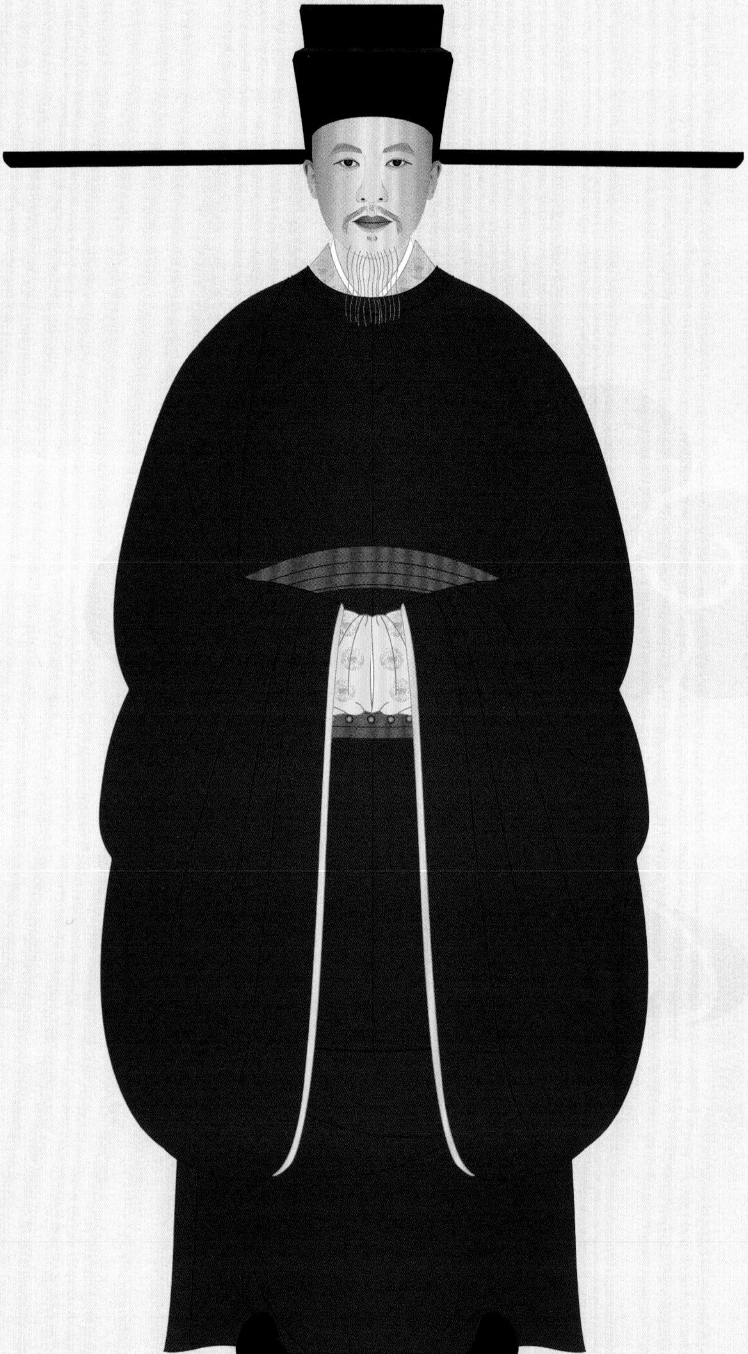

天子冠服

常服 淡黄袍

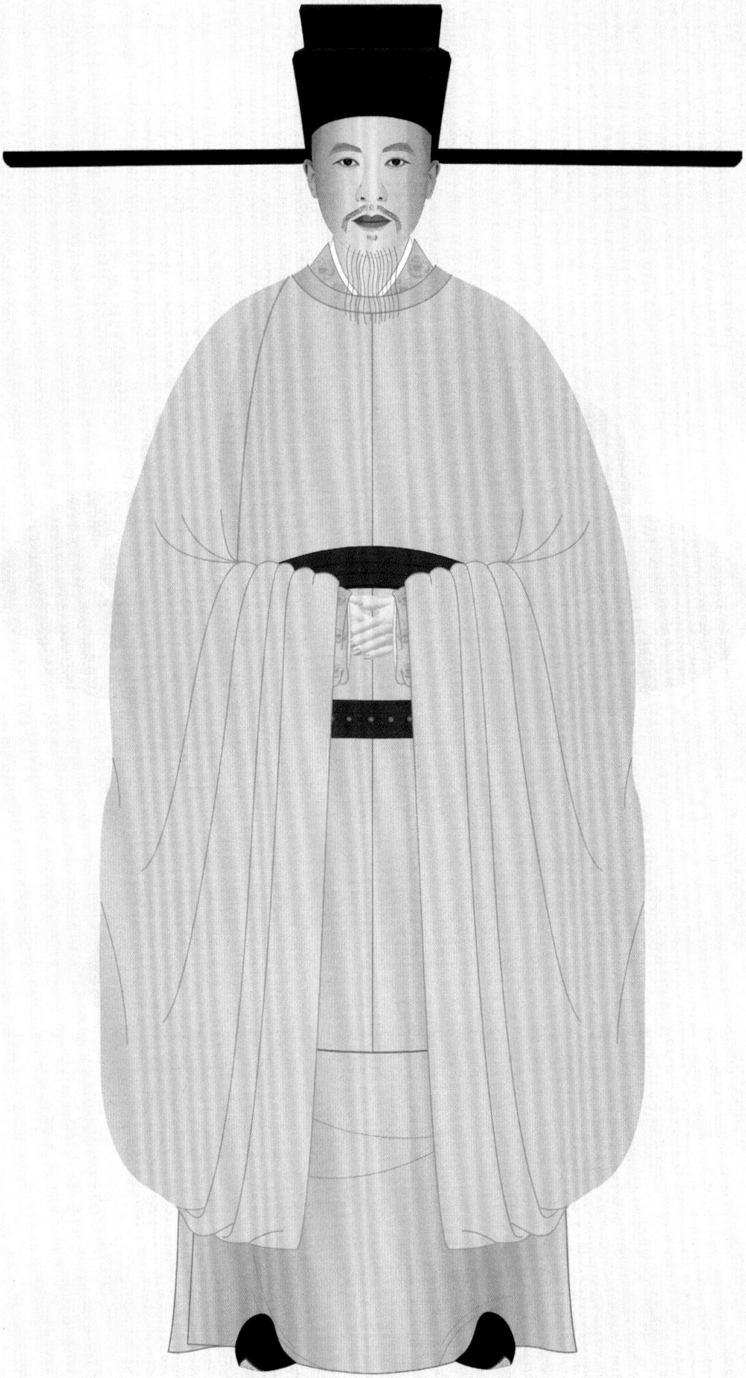

皇后冠服

袆衣（北宋中期）

皇后冠服

祎衣（南宋中期）

皇后冠服

鞠衣（南宋中期）

皇后冠服

常服

皇太子冠服

衮冕（北宋前期）

皇太子冠服

远游冠朱明服（北宋后期）

皇太子冠服

常服

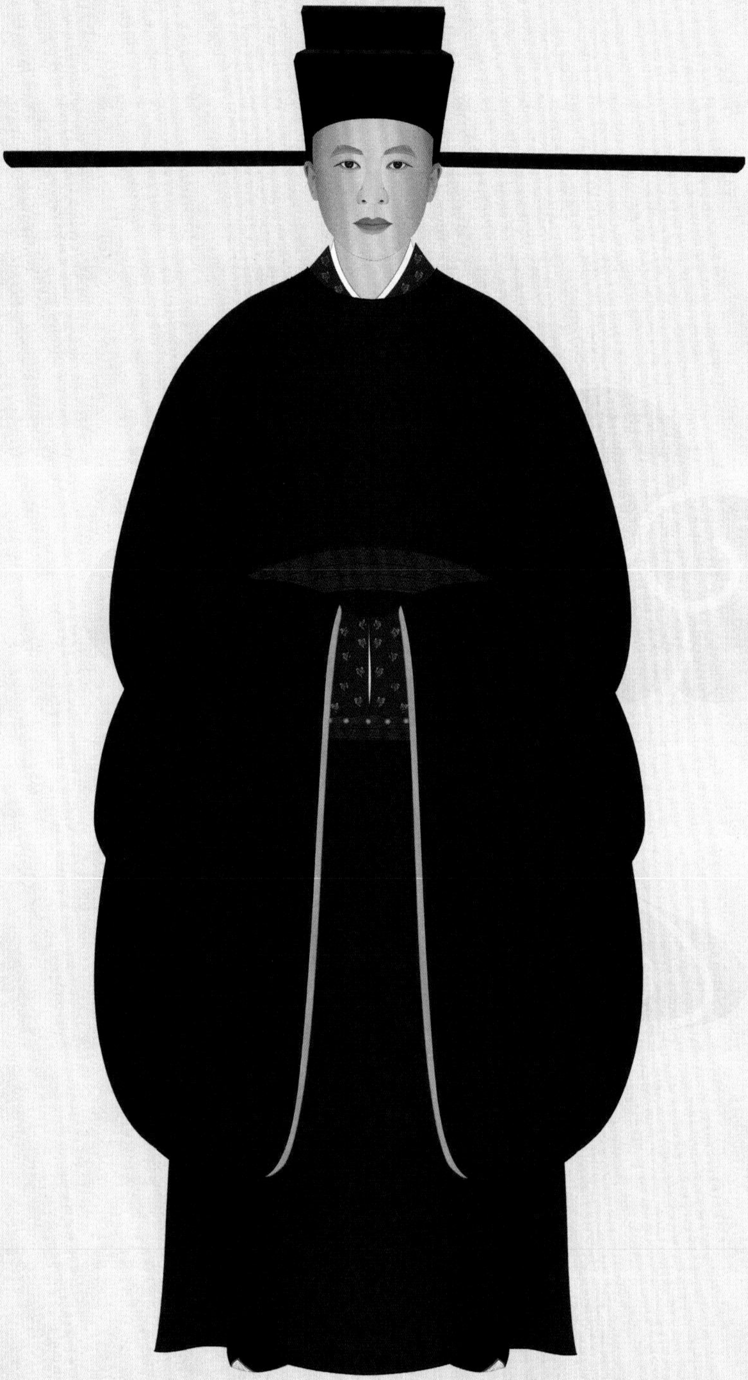

群臣冠服

朝服 进贤四梁冠（北宋后期）

群臣冠服

朝服 貂蝉笼巾（北宋后期）

群臣冠服

朝服 獬豸冠 御史

群臣冠服

公服 一等 紫

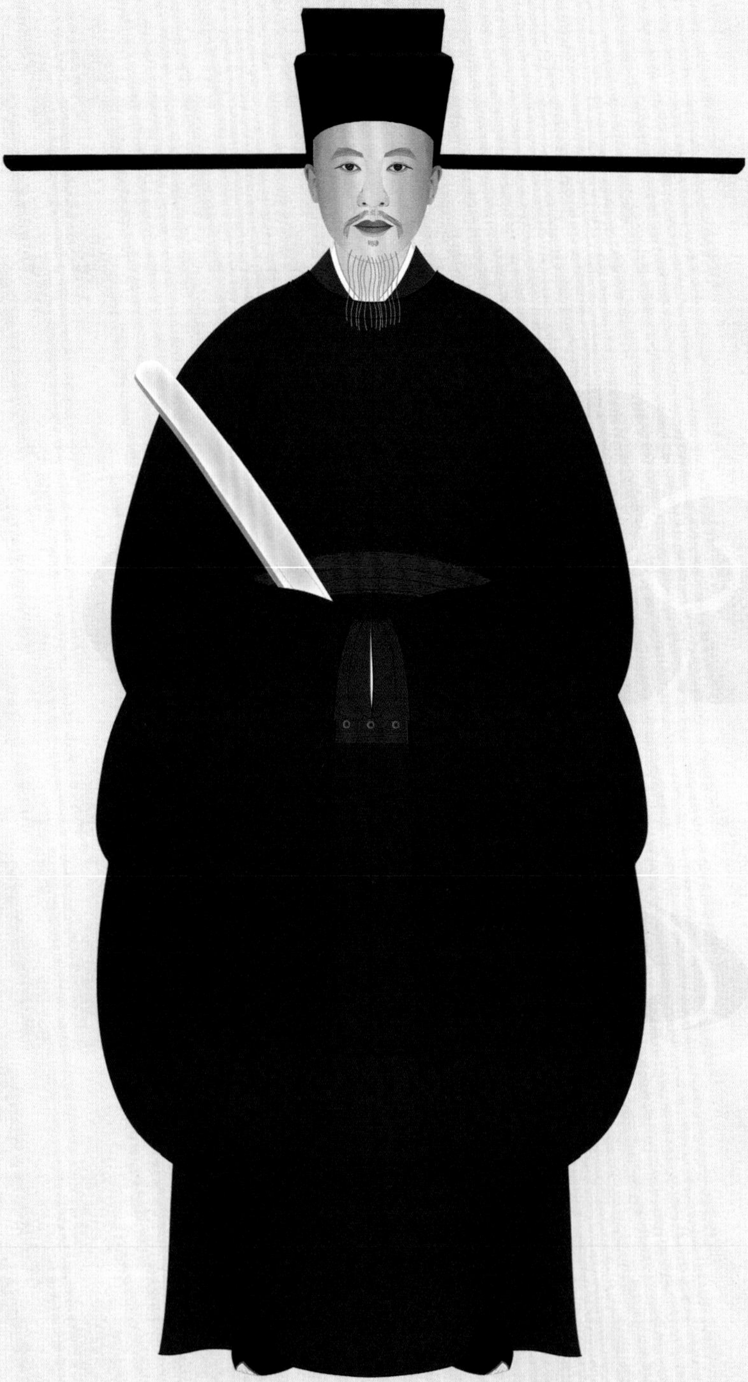

群臣冠服

公服 二等 绯

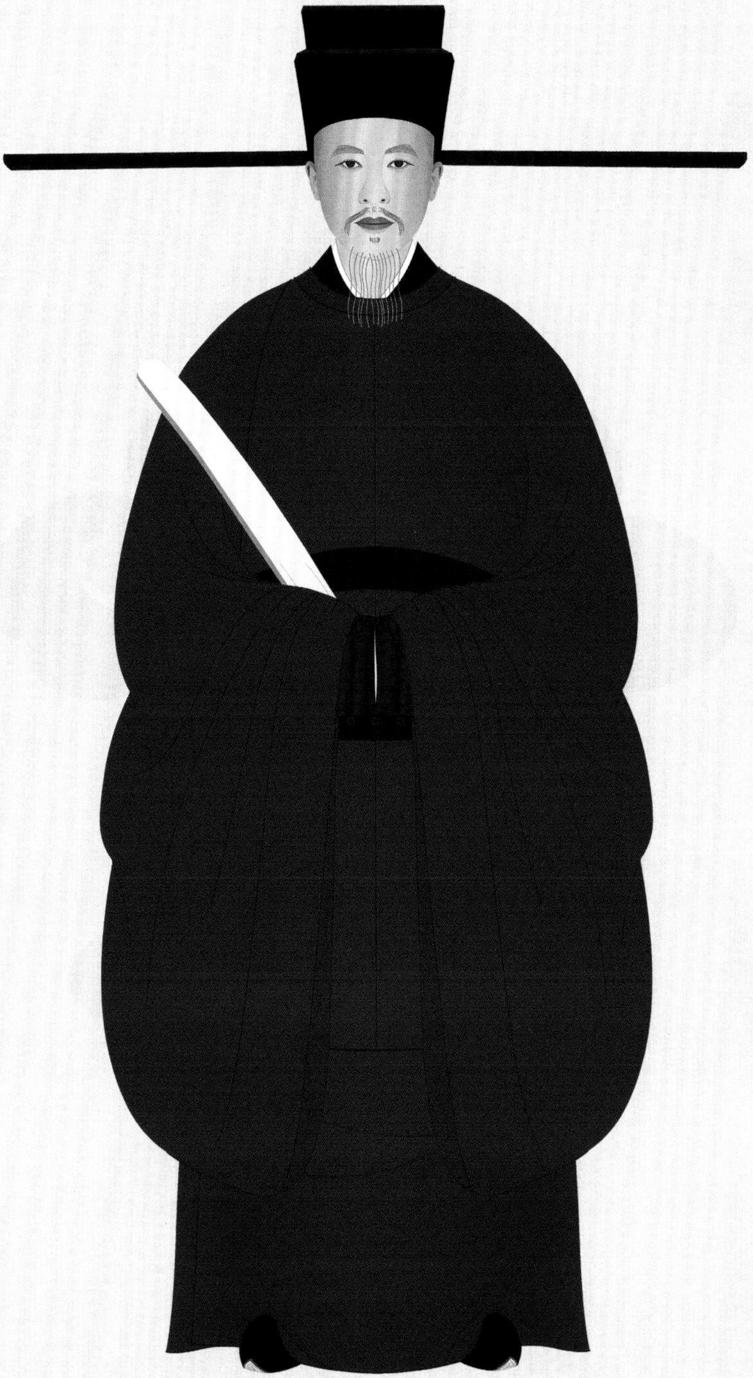

群臣冠服

公服 三等 绿

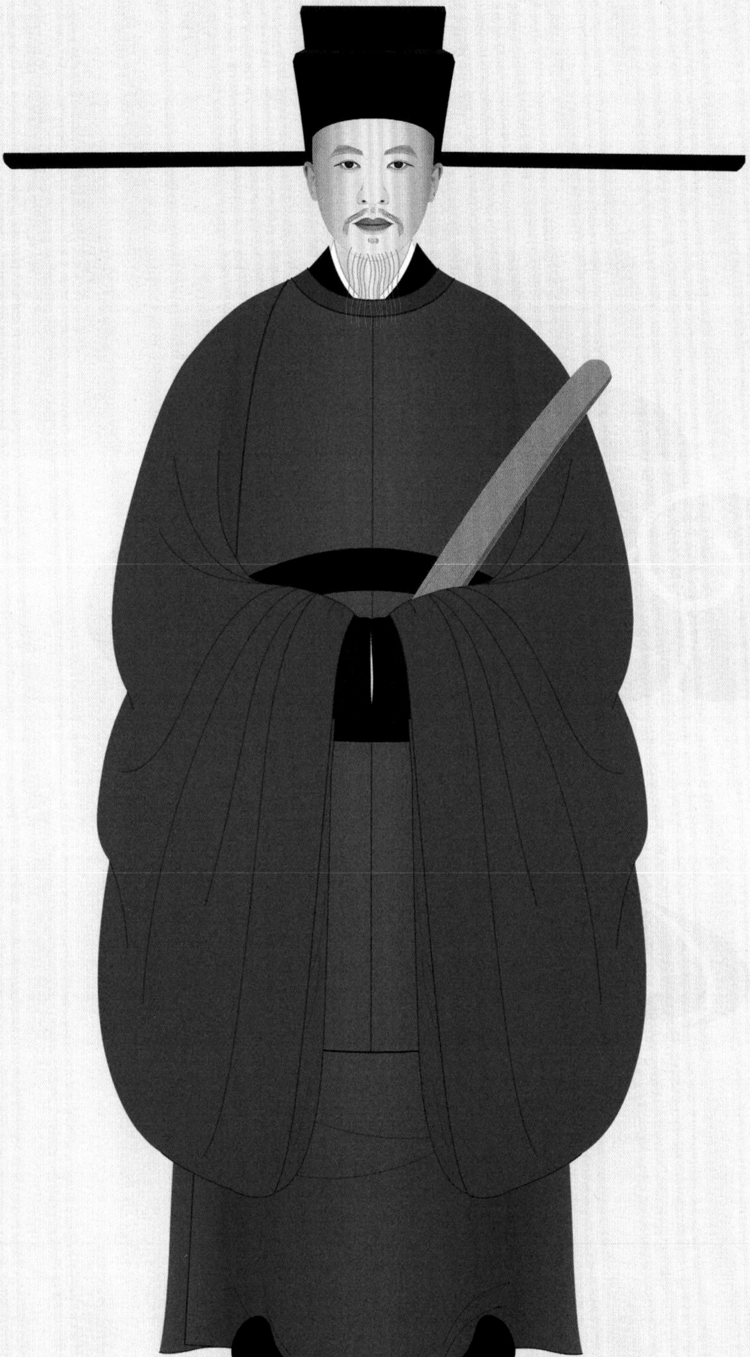

群臣冠服

公服 四等 青（元丰改制前）

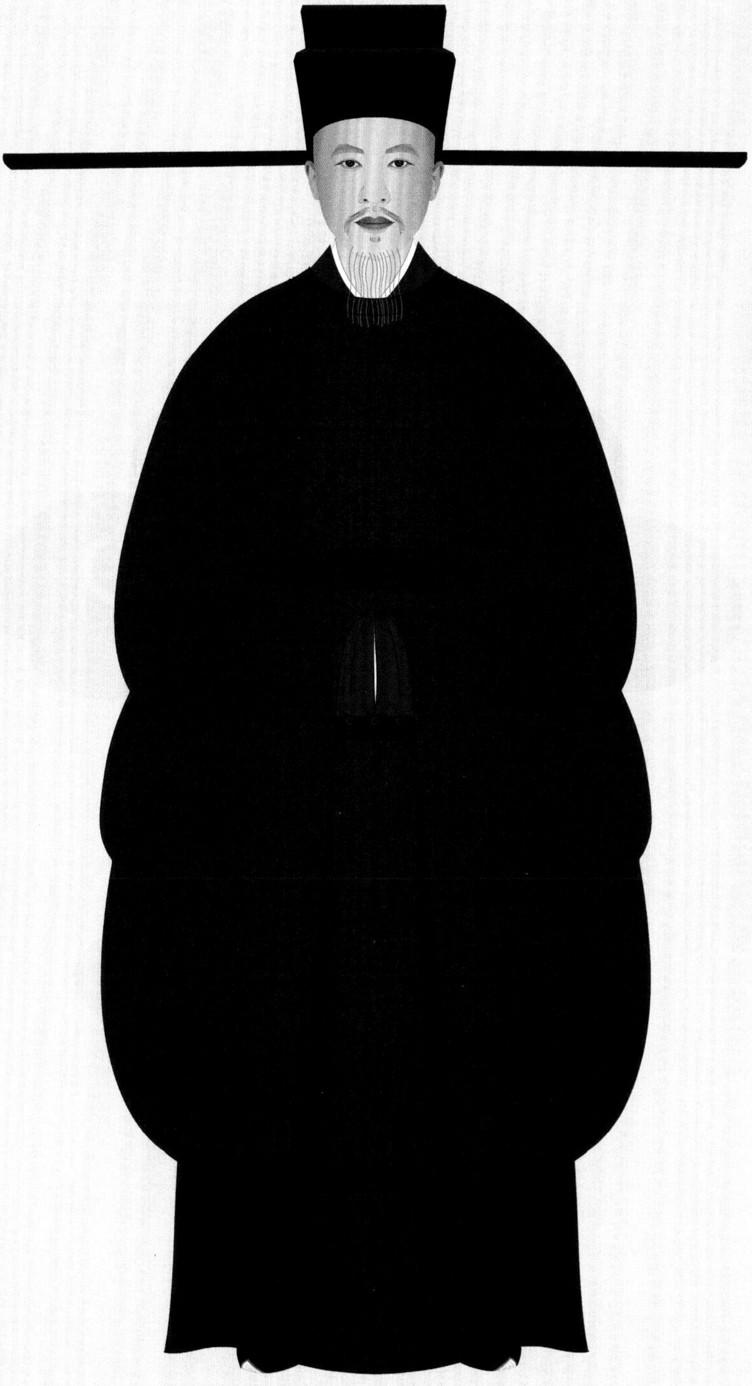

群臣冠服

祭服 七旒冕（北宋前期）

群臣冠服

祭服 五旒冕（北宋后期）

群臣冠服

祭服 绨冕（南宋）

群臣冠服

便服 窄袍

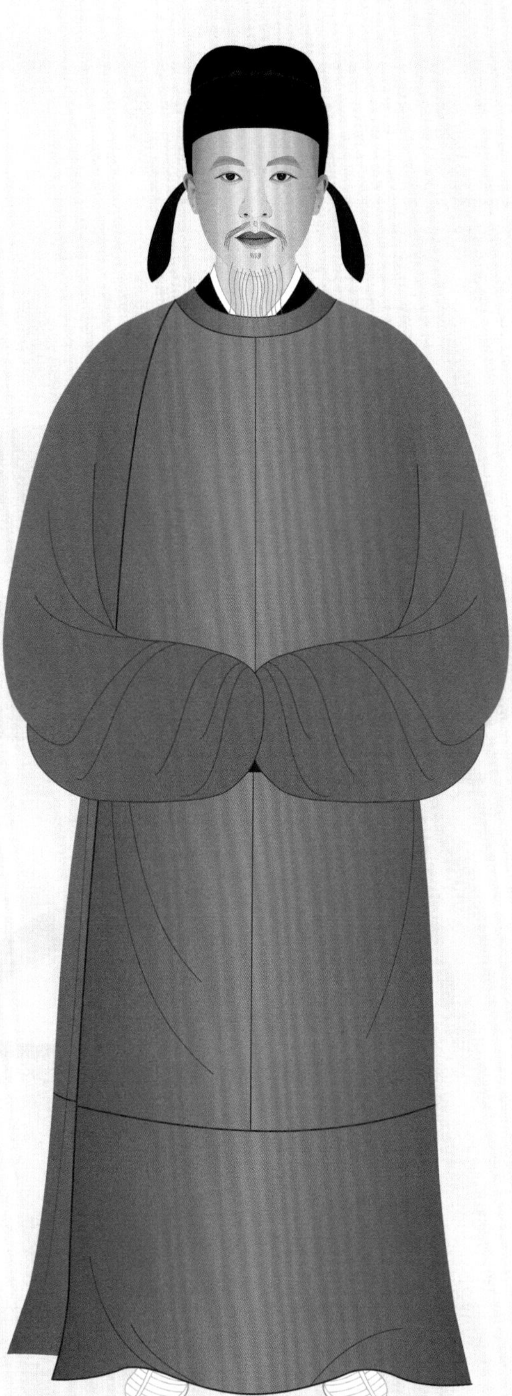

群臣冠服

燕服　东坡巾

群臣冠服

行装　笠子

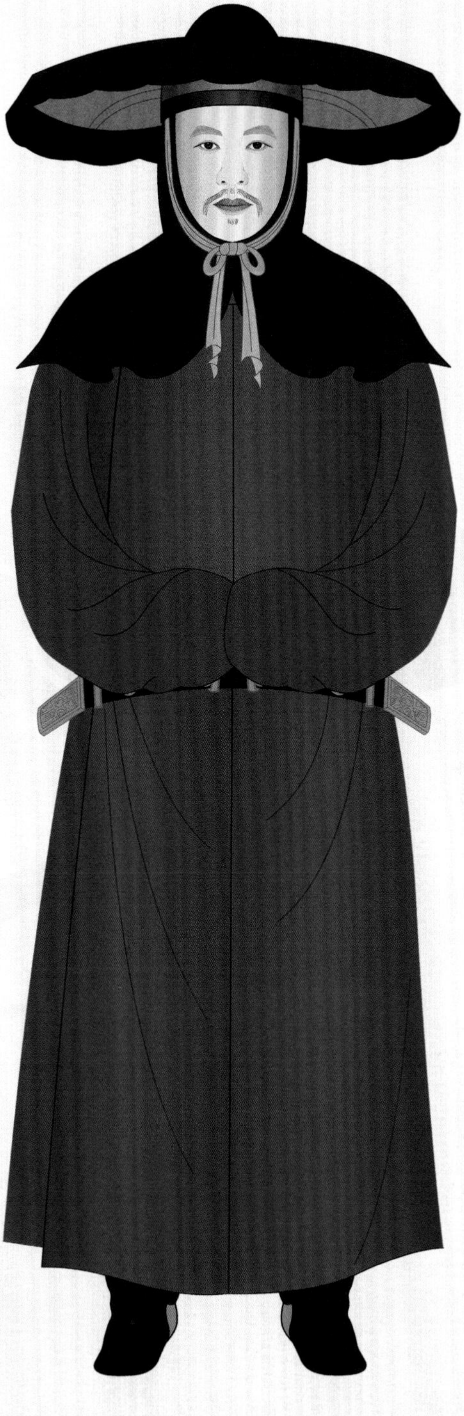

女官冠服

礼衣　高等级

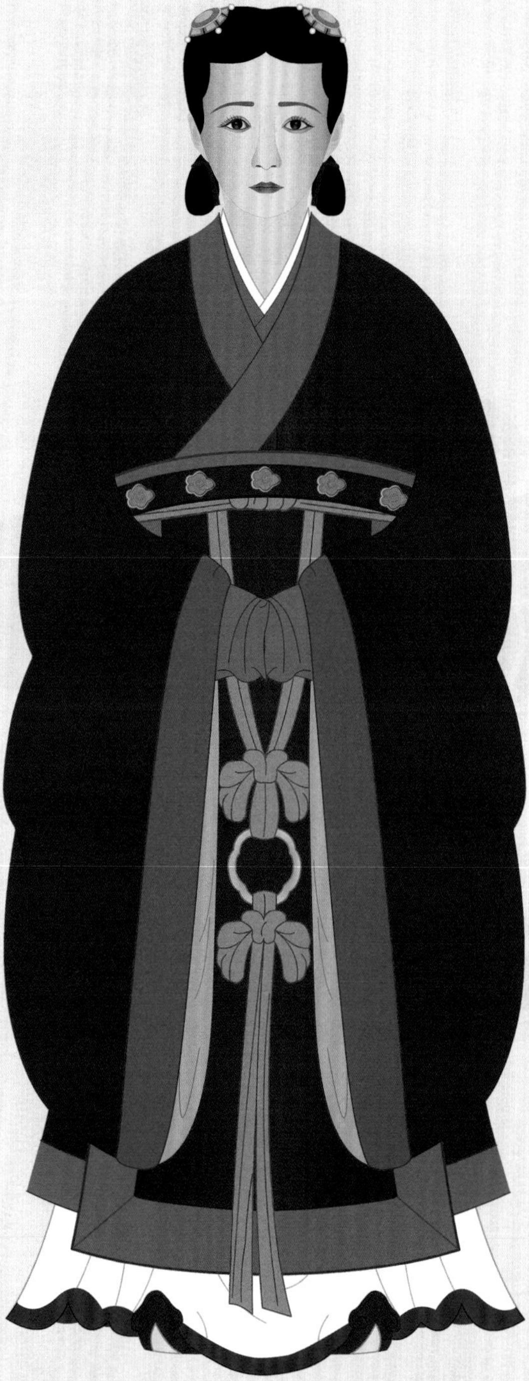

女官冠服

礼衣 低等级

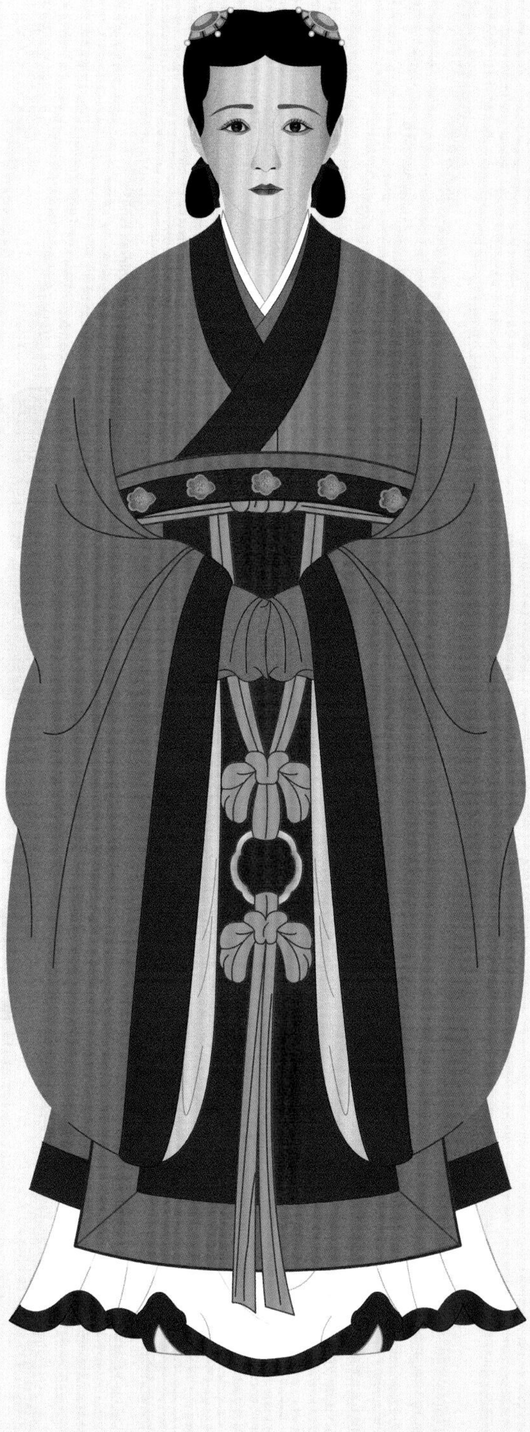

女官冠服

公服 高等级

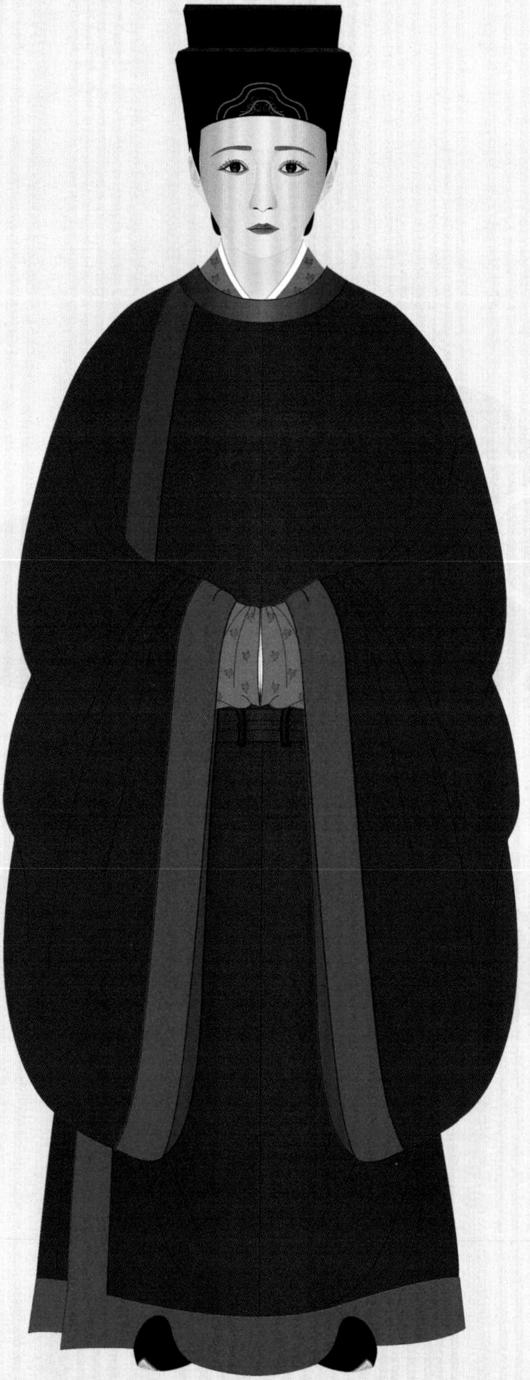

女官冠服

公服 低等级

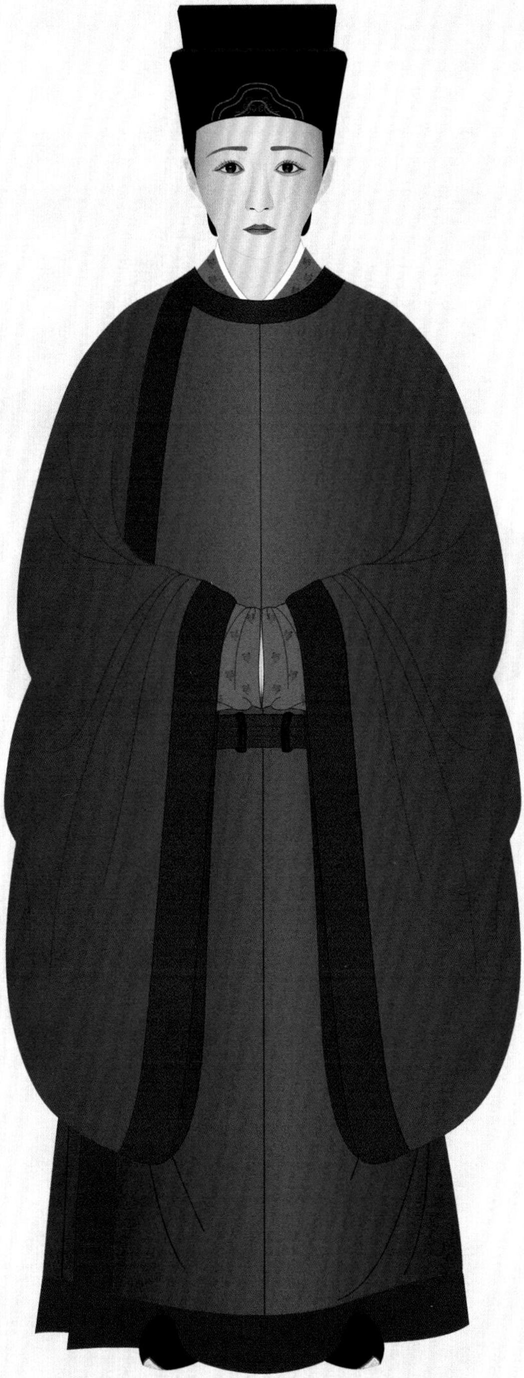

女官冠服

便服（北宋）

女官冠服

便服（南宋）

女官冠服

职事服　簪戴

士庶冠服

士人 东坡巾

士庶冠服

士子

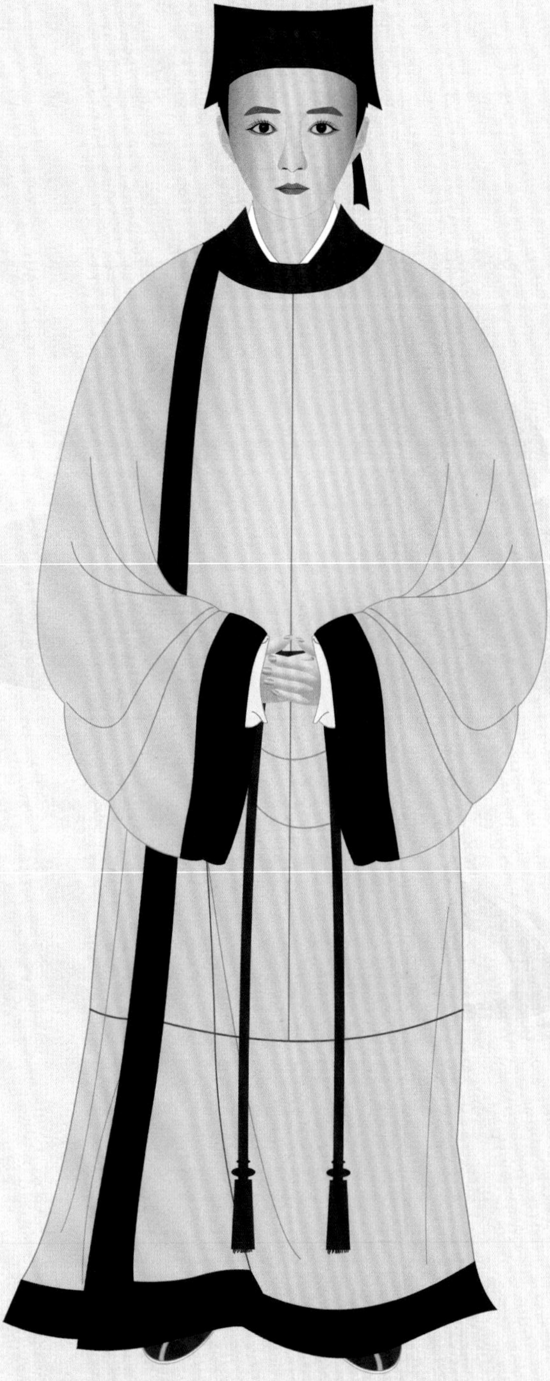

士庶冠服

进士 盛服

士庶冠服

童子

士庶冠服

老翁

士庶冠服

居士

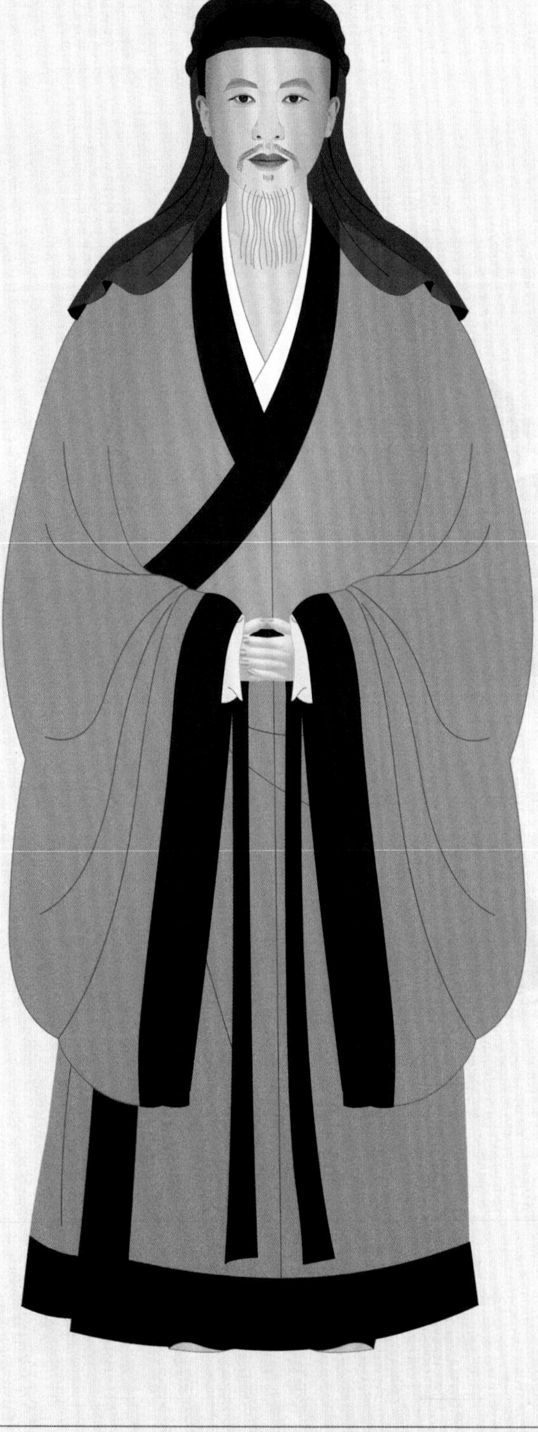

士庶冠服

农民

士庶冠服

行商

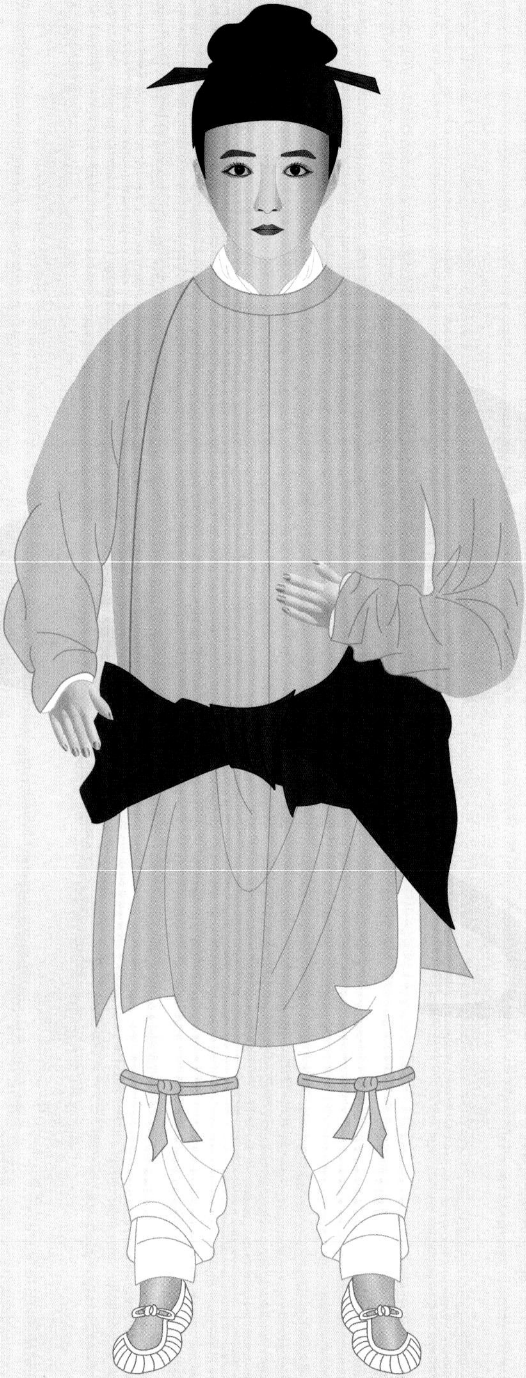

士庶冠服

坐贾

士庶冠服

吏差

士庶冠服

衙役

士庶冠服

乐人

士庶冠服

艺人

士庶冠服

仆从

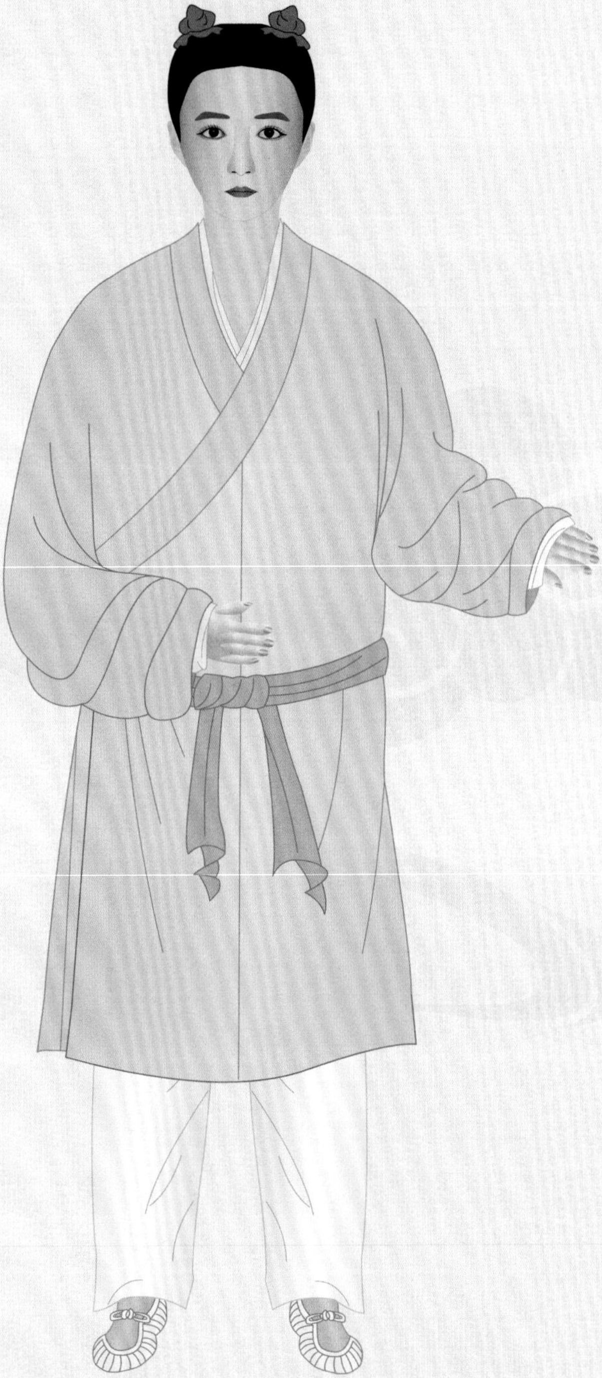

士庶冠服

宫女

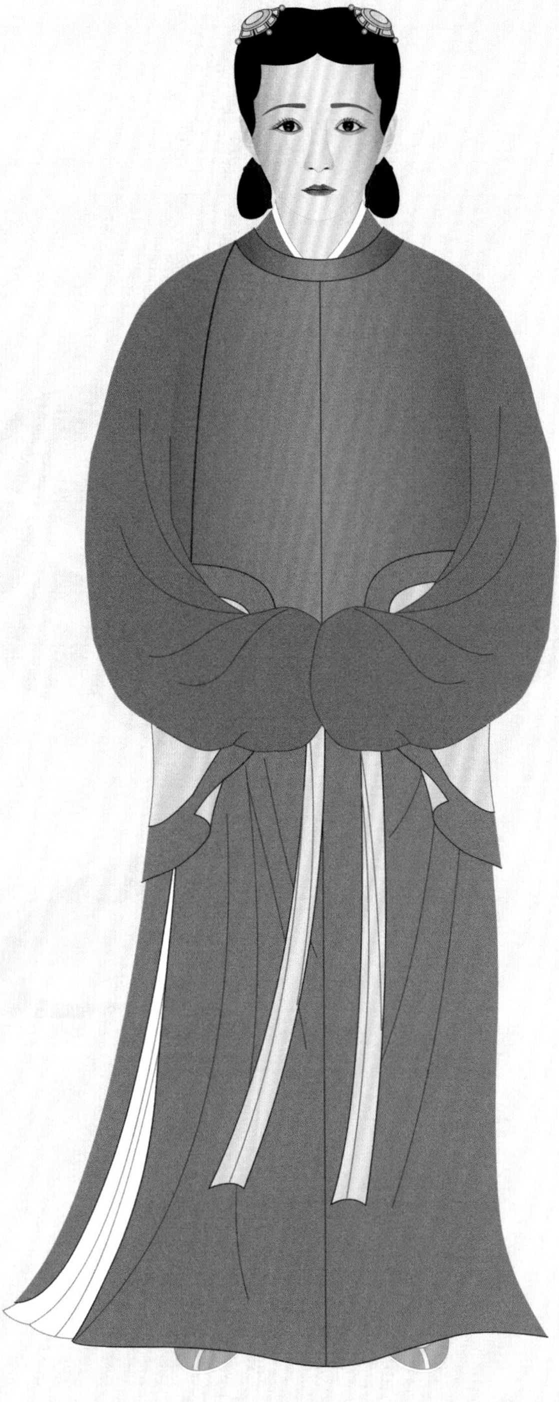

士庶冠服

仕女

士庶冠服

蚕衣

士庶冠服

女童

士庶冠服

老妇

士庶冠服

待嫁女子　便服

士庶冠服

待嫁女子 盛服（背子 冠子）

士庶冠服

官之妻　便服

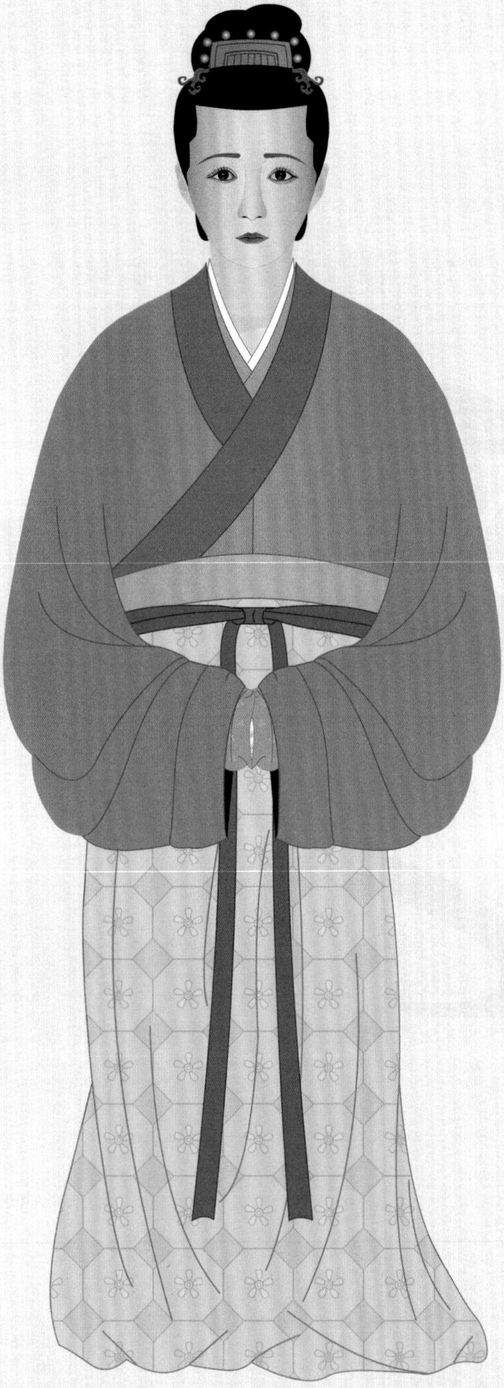

士庶冠服

官之妻 盛服（大衣 假髻）

士庶冠服

媒人 官媒（紫背子 戴盖头）

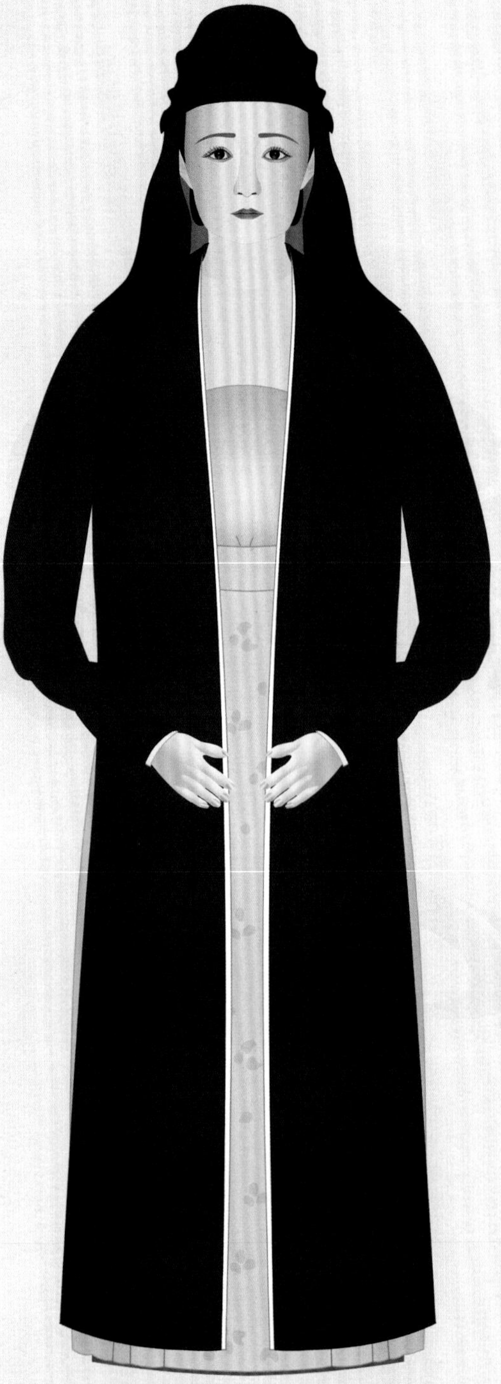

士庶冠服

媒人　庶媒（背子　黄包髻）

士庶冠服

教坊乐女

士庶冠服

教坊乐童

士庶冠服

乐人

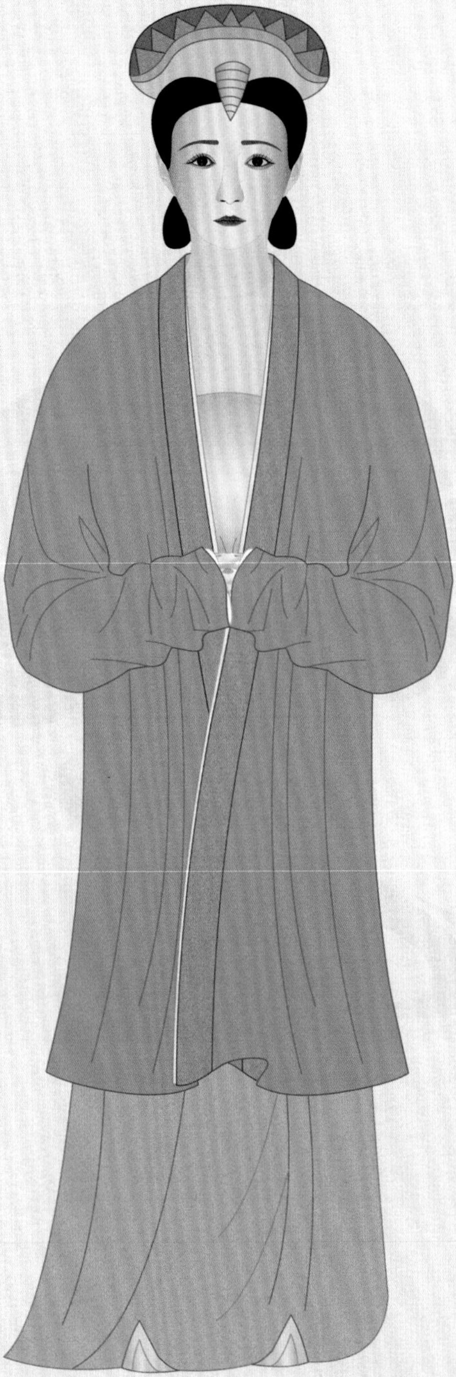

士庶冠服

艺人

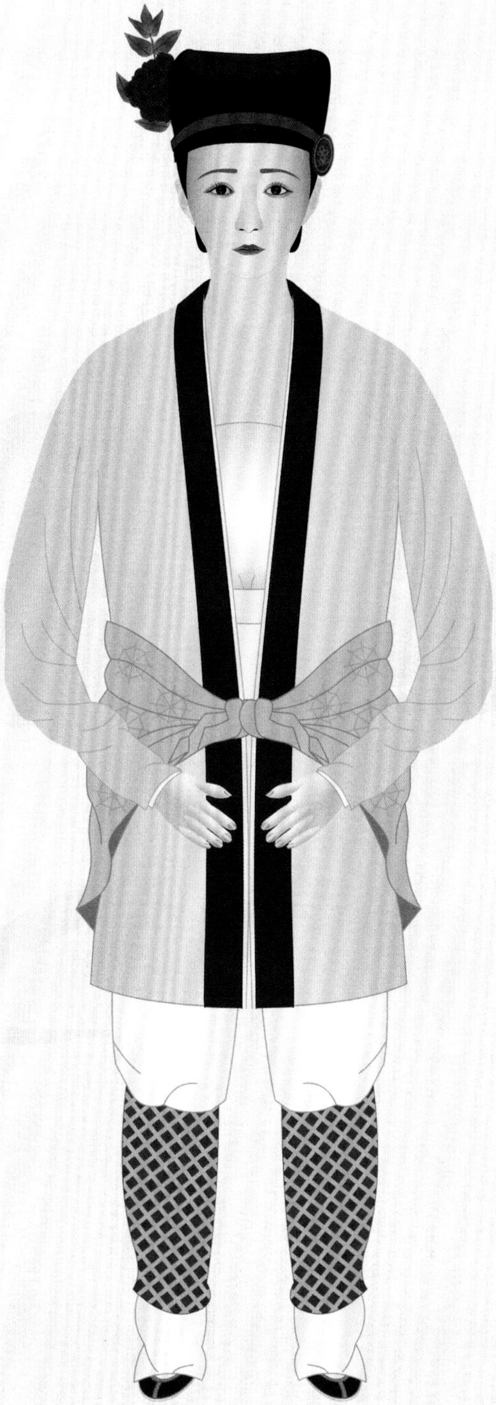

军卫冠服

便服 将领

军卫冠服

便服 兵士

军卫冠服

便服 仪卫

军卫冠服

便服 车舆卫士

军卫冠服

便服　押衙

军卫冠服

便服 卤簿校尉

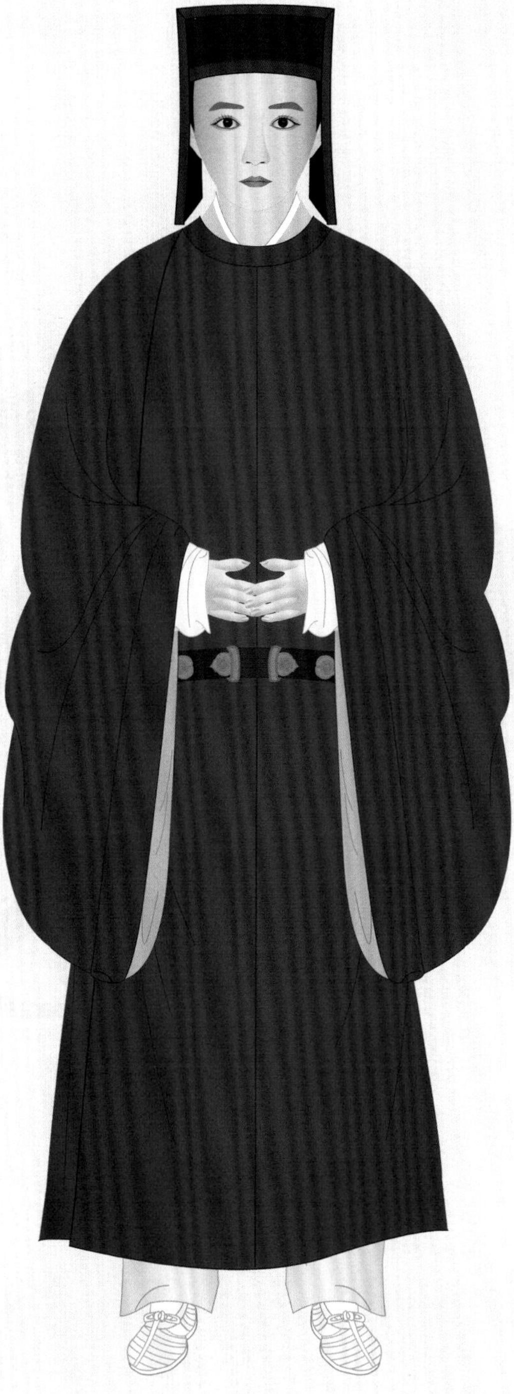

军卫冠服

绣袍 仪卫 抹额

军卫冠服

绣袍 执扇

军卫冠服

绣袍 辇指挥

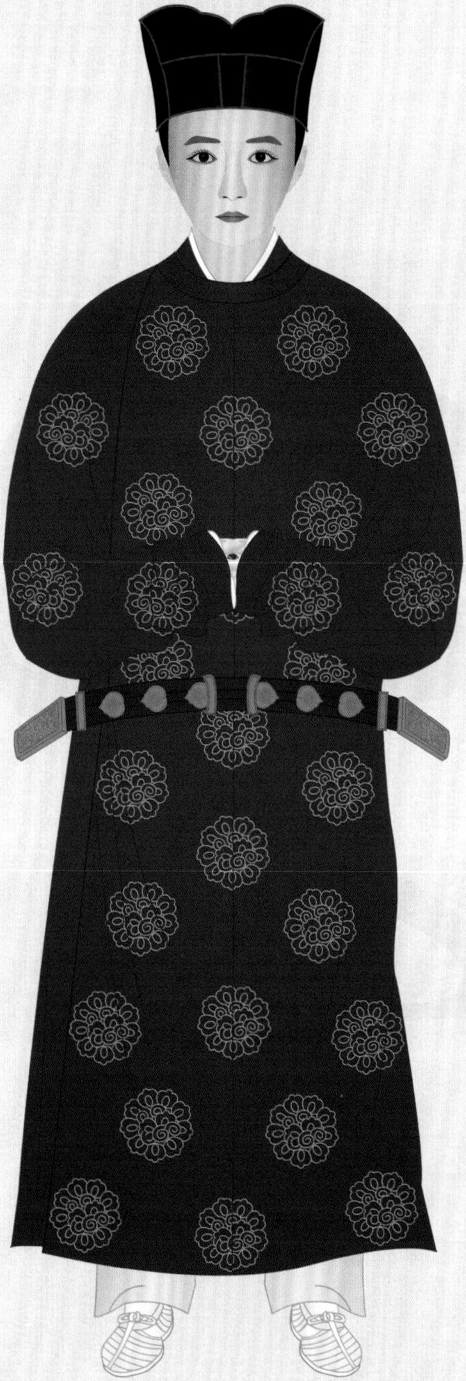

军卫冠服

绣袍 卤簿校尉

军卫冠服

甲胄　将领

军卫冠服

甲胄　步人

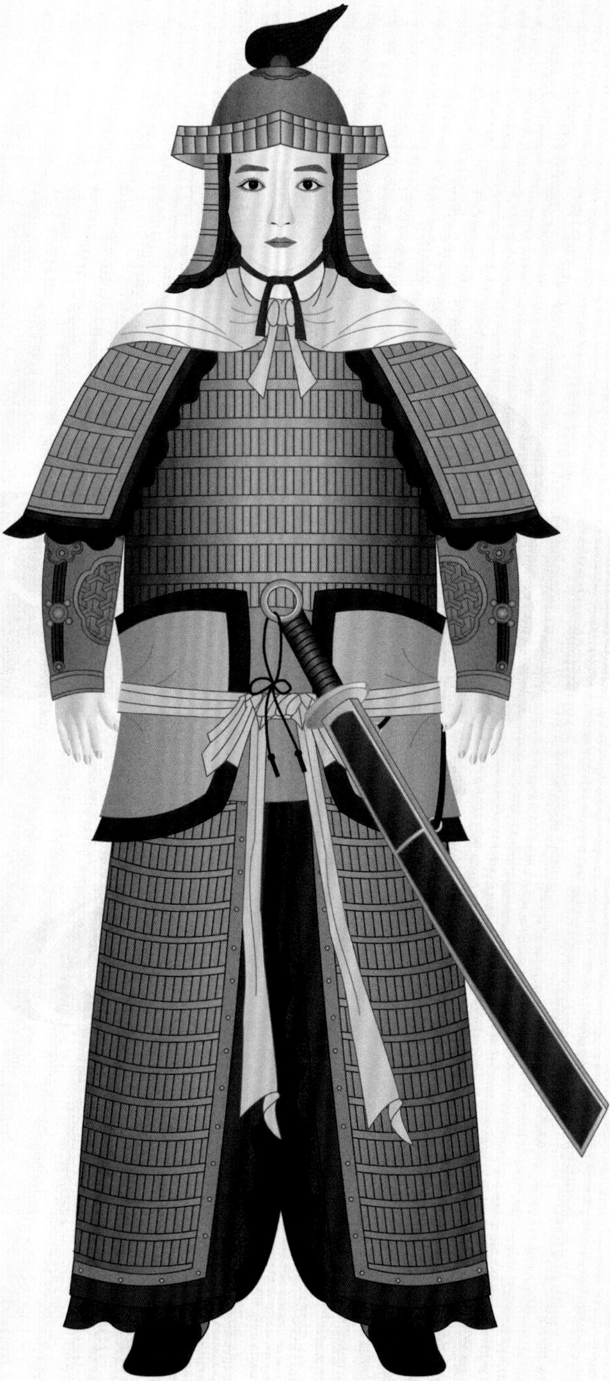

军卫冠服

甲胄　近卫　裲裆

军卫冠服

甲胄　仪卫

短兵器

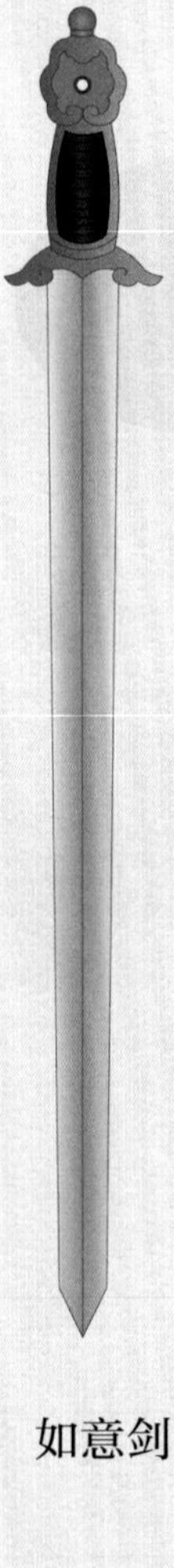

如意剑

环首刀

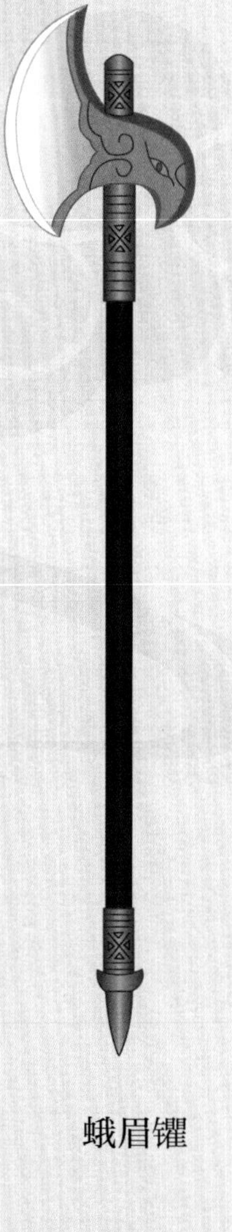

蛾眉鑺

长兵器

捣马突枪

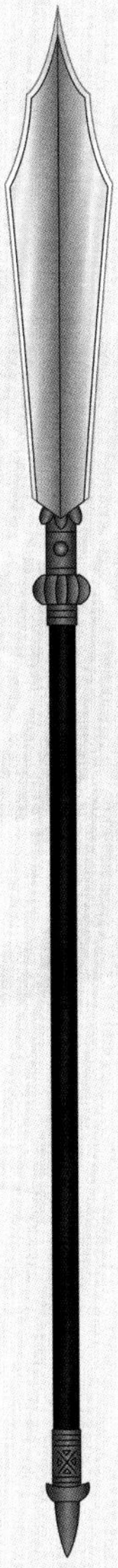
掉刀

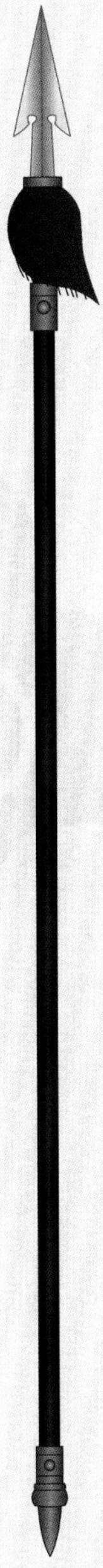
单钩枪

参考文献

[1] 脱脱 . 宋史 : 舆服志 [M]. 清乾隆武英殿刻本 .

[2] 郑居中 . 政和五礼新仪 : 冠服 [M]. 清抄本 .

[3] 徐松 . 宋会要辑稿 : 后妃四 [M]. 影印本 . 北京 : 中华书局 ,1957.

[4] 张玮. 大金集礼 : 舆服 [M]// 钦定四库全书 : 史部 . 清乾隆抄本 .

[5] 建炎杂录 [M]// 永乐大典 : 第 19786 卷 . 明嘉靖抄本 .

[6] 沈括 . 梦溪笔谈 : 卷一 [M]. 明刻本 .

[7] 华岳 . 翠微先生北征录 : 卷七 [M]. 清抄本 .

附录

附表一　宋代女官职细表

<table>
<tr><th colspan="5">品阶及职位</th><th rowspan="2">职责</th></tr>
<tr><th>正五品</th><th>正七品</th><th>正七品(存疑)</th><th>正八品</th><th>流外勋品</th></tr>
<tr><td rowspan="5">尚宫
(二人)</td><td>司记二人</td><td>典记二人</td><td>掌记二人</td><td>女史六人</td><td>监印，掌在内诸司文书入出目录，审讫付行</td></tr>
<tr><td>司言二人</td><td>典言二人</td><td>掌言二人</td><td>女史六人</td><td>司言掌宣传启奏事</td></tr>
<tr><td>司簿二人</td><td>典簿二人</td><td>掌簿二人</td><td>女史六人</td><td>司簿掌宫人名簿、廪赐之事</td></tr>
<tr><td>司闱六人</td><td>典闱六人</td><td>掌闱六人</td><td>女史四人</td><td>司闱掌宫闱管钥之事</td></tr>
<tr><td colspan="5">尚宫之职，掌导引皇后，管司记、司言、司簿、司闱，仍总知五尚须物出纳等事</td></tr>
<tr><td rowspan="5">尚仪
(二人)</td><td>司籍二人</td><td>典籍二人</td><td>掌籍二人</td><td>女史十人</td><td>司籍掌经籍教学、纸笔几案之类</td></tr>
<tr><td>司乐四人</td><td>典乐四人</td><td>掌乐四人</td><td>女史二人</td><td>司乐掌音集之事</td></tr>
<tr><td>司宾二人</td><td>典宾二人</td><td>掌宾二人</td><td>女史二人</td><td>司宾掌宾客参见、朝会引导之事</td></tr>
<tr><td>司赞二人</td><td>典赞二人</td><td>掌赞二人</td><td>女史二人</td><td>司赞掌礼仪班序、设版、赞拜之事</td></tr>
<tr><td colspan="5">尚仪之职，掌礼仪起居，管司籍、司乐、司宾、司赞事</td></tr>
<tr><td rowspan="5">尚服
(二人)</td><td>司宝二人</td><td>典宝二人</td><td>掌宝二人</td><td>女史四人</td><td>司宝掌珍宝、符契、图籍之事</td></tr>
<tr><td>司衣二人</td><td>典衣二人</td><td>掌衣二人</td><td>女史四人</td><td>司衣掌御衣服首饰之事</td></tr>
<tr><td>司饰二人</td><td>典饰二人</td><td>掌饰二人</td><td>女史二人</td><td>司饰掌膏沐巾栉服玩之事</td></tr>
<tr><td>司仗二人</td><td>典仗二人</td><td>掌仗二人</td><td>女史二人</td><td>司仗掌仗卫兵器之事</td></tr>
<tr><td colspan="5">尚服之职，掌司宝、司衣、司饰、司仗之事</td></tr>
<tr><td rowspan="5">尚食
(二人)</td><td>司膳二人</td><td>典膳四人</td><td>掌膳四人</td><td>女史四人</td><td>司膳掌膳馐器皿之事</td></tr>
<tr><td>司酝二人</td><td>典酝二人</td><td>掌酝二人</td><td>女史二人</td><td>司酝掌酒酝之事</td></tr>
<tr><td>司药二人</td><td>典药二人</td><td>掌药二人</td><td>女史四人</td><td>司药掌医药之事</td></tr>
<tr><td>司饎二人</td><td>典饎二人</td><td>掌饎二人</td><td>女史四人</td><td>司饎掌宫人食及柴炭之事</td></tr>
<tr><td colspan="5">尚食之职，掌知御膳，进食先尝，管司膳、司酝、司药、司饎事</td></tr>
</table>

（续表）

品阶及职位					职责
正五品	正七品	正七品(存疑)	正八品	流外勋品	
尚寝（二人）	司设二人	典设二人	掌设二人	女史四人	司设掌帷帐、床褥、枕席、洒扫铺设之事
	司舆二人	典舆二人	掌舆二人	女史二人	司舆掌舆伞扇羽仪之事
	司苑二人	典苑二人	掌苑二人	女史二人	司苑掌园苑种植蔬果之事
	司灯二人	典灯二人	掌灯二人	女史二人	司灯掌灯油火烛之事
	尚寝之职，管司设、司舆、司苑、司灯事				
尚功（二人）	司制二人	典制二人	掌制二人	女史四人	司制掌裁缝衣服纂组之事
	司珍二人	典珍二人	掌珍二人	女史六人	司珍掌金玉珠宝财货之事
	司彩二人	典彩二人	掌彩二人	女史六人	司彩掌锦文缣彩丝枲之事
	司计二人	典计二人	掌计二人	女史四人	司计掌支度衣服饮食柴炭杂物之事
	尚功之职，掌女工，管司制、司珍、司彩、司计事				
宫正（一人）	司正二人	典正二人		女史四人	司正、典正辅佐宫正
	宫正之职，掌总知宫内格式、纠正推罚之事				

注：以上内容主要参考《宋会要辑稿·后妃四》与《宋会要·后妃五》（吴兴刘氏嘉业堂钞本）。

附表二　宋代年号表[①]

北宋（960—1127）		
皇帝	庙号	年号及时间
赵匡胤	太祖	建隆（960—963）、乾德（963—968）、开宝（968—976）
赵炅[②]	太宗	太平兴国（976—984）、雍熙（984—987）、端拱（988—989）、淳化（990—994）、至道（995—997）
赵恒	真宗	咸平（998—1003）、景德（1004—1007）、大中祥符（1008—1016）、天禧（1017—1021）、乾兴（1022—1022）
赵祯	仁宗	天圣（1023—1032）、明道（1032—1033）、景祐（1034—1038）、宝元（1038—1040）、康定（1040—1041）、庆历（1041—1048）、皇祐（1049—1054）、至和（1054—1056）、嘉祐（1056—1063）
赵曙	英宗	治平（1064—1067）
赵顼	神宗	熙宁（1068—1077）、元丰（1078—1085）
赵煦	哲宗	元祐（1086—1094）、绍圣（1094—1098）、元符（1098—1100）
赵佶	徽宗	建中靖国（1101—1101）、崇宁（1102—1106）、大观（1107—1110）、政和（1111—1118）、重和（1118—1119）、宣和（1119—1125）
赵桓	钦宗	靖康（1126—1127）

注：① 主要参考《宋史·本纪》《辞海·中国历史纪年表》（第六版彩图本）。

②〔赵炅〕原名匡义，后赐名光义，继位后改名为炅。

南宋（1127—1279）		
皇帝	庙号	年号及时间
赵构	高宗	建炎（1127—1130）、绍兴（1131—1162）
赵昚	孝宗	隆兴（1163—1164）、乾道（1165—1173）、淳熙（1174—1189）
赵惇	光宗	绍熙（1190—1194）
赵扩	宁宗	庆元（1195—1200）、嘉泰（1201—1204）、开禧（1205—1207）、嘉定（1208—1224）
赵昀	理宗	宝庆（1225—1227）、绍定（1228—1233）、端平（1234—1236）、嘉熙（1237—1240）、淳祐（1241—1252）、宝祐（1253—1258）、开庆（1259—1259）、景定（1260—1264）
赵禥	度宗	咸淳（1265—1274）
赵㬎	恭帝	德祐（1275—1276）
赵昰	端宗	景炎（1276—1278）
赵昺	帝昺	祥兴（1278—1279）